Ariane 1 – 4

Technik und Einsatzgeschichte der

europäischen Erfolgsrakete

Edition Raumfahrt kompakt

Ariane 1 - 4

Technik und Einsatzgeschichte der europäischen Erfolgsrakete

Edition Raumfahrt kompakt

Bibliografische Information der Deutschen Nationalbibliothek: Die Deutsche Nationalbibliothek verzeichnet diese Publikation in der Deutschen Nationalbibliografie;
detaillierte bibliografische Daten sind im Internet über http://dnb.d-nb.de abrufbar.

Edition Raumfahrt
© 2010 Bernd Leitenberger
http://www.bernd-leitenberger.de
Herstellung und Verlag: BoD - Books on Demand, Norderstedt
2 Auflage 2014
ISBN-13: 978-3735761729

Inhaltsverzeichnis

Vorwort	7
Anmerkungen zu den Daten	8
Ariane 1	10
L3S	11
Die Namensgebung	17
Ariane – eine europäische Rakete	18
Die Entwicklung der Ariane 1	20
Der überraschende kommerzielle Erfolg	23
Ariane 1 – die Rakete	29
Die erste Stufe L140	30
Die zweite Stufe L33	34
Die Viking Triebwerke	37
Die dritte Stufe H8	42
Das HM-7 Triebwerk	45
Nutzlastverkleidung und Sylda	49
VEB	52
Startprofil	53
Ariane 1 Starts	59
Ariane 2 und 3	63
Der Einsatz	66
Ariane 2 und 3 – evolutionäre Änderungen	69
Die Feststoffbooster der Ariane 3	69
Erste und zweite Stufe	72
Dritte Stufe	74
Das Triebwerk HM-7B	75
Sylda und Nutzlastverkleidung	77
Start einer Ariane 2 und 3	79
Countdown	80
Die Konkurrenten	87
Ariane 2 und 3 Starts	88
Ariane 4	90
Der Einsatz	91
Die Fehlstarts	92
Die Gründe für den Erfolg	94
Die Konkurrenten	96
Die Ariane 4 Familie	100
Die Gesamtbilanz	104
Ariane 4 – die Rakete	106

Die erste Stufe L220	107
Die zweite Stufe L33	110
Die Viking Triebwerke	110
Die dritte Stufe H10	111
Die Feststoffbooster PAP	114
Die Flüssigtreibstoffbooster PAL	117
VEB	121
Nutzlastverkleidung	123
Spelda	124
Sekundärnutzlasten	126
Der Start einer Ariane 4	128
Ariane 4 Starts	134
Die Ariane 4 XL und XXL	138
Das Centre Spatial Guyanais (CSG)	150
Ariane 2 und 3	153
Ariane 4	155
Kontrollzentren	164
Abkürzungsverzeichnis	168

Vorwort

Mein bisher umfangreichstes Buch ist das zweibändige Werk „Europäische Trägerraketen 1+2". Mit dem Umfang verbunden ist allerdings auch ein hoher Preis für beide Bände zusammen. Aufgrund meiner Erfahrungen weiß ich, dass sich sehr viele für die Europarakete Ariane interessieren, aber weitaus weniger für die früheren europäischen Träger oder die neue Vega. Dieser Band beinhaltet daher nur die Kapitel über Ariane 1-4 und ist dadurch deutlich preiswerter. Analoge gibt es auch Broschüren über die Black Arrow und Diamant, die Europa-Rakete und es werden weitere über Ariane 5 und die Vega folgen.

Dieses Buch wäre nicht ohne fremde Unterstützung zustande gekommen. Ich möchte der ESA für den Zugang zur Fotobibliothek für Professionals danken und Jürgen Klug von MT Aerospace für ausführliche Informationen zu ELA-2. Thomas Jakaitis und Ralph Kanig haben sich dem Manuskript angenommen und es zur Korrektur gelesen. Michel Van hat Grafiken für dieses Buch erstellt und zur Veröffentlichung freigegeben.

Das Buch behandelt jede Rakete als abgeschlossenes Kapitel für sich. Die einzelnen Abschnitte können einzeln gelesen oder nachgeschlagen werden. Sofern eine Rakete eine Weiterentwicklung eines bestehenden Modells ist, werden lediglich die Veränderungen besprochen. Jedes Kapitel hat eine einheitliche Struktur. Die Entwicklungs- und Einsatzgeschichte bildet den Anfang, es folgt eine ausführliche Beschreibung der Technologie, und den Abschluss bilden nicht umgesetzte Projektstudien. Jedes Kapitel endet mit einem Typenblatt und einer Startliste der Rakete.

Den Installationen in Kourou und dem Bodennetzwerk ist ein eigenes Kapitel gewidmet, welches chronologisch den Ausbau des europäischen Weltraumbahnhofs CSG (Centre Spatial Guyanais) in Französisch-Guayana beschreibt.

Von Ariane 1-3 liegt heute kein Bildmaterial in digitaler, hochauflösender Form vor. Für dieses Buch musste ich daher oft auf gedruckte Dokumente zurückgreifen und diese einscannen. Die Abbildungen entsprechen daher nicht immer dem heutigen Standard. Ich bitte, diesen Umstand zu entschuldigen.

Alle Angaben über Firmennamen entsprechen denen, die damals aktuell waren. Heute sind viele davon im europäischen Luft & Raumfahrtkonzern Airbus aufgegangen, der seit 2003 Einzelkontraktor für die Fertigung der Ariane 5 ist.

Neu in der zweiten Auflage ist ein Kapitel über die Ariane 4 XXL und ein umfangreiches Abkürzungsverzeichnis.

Anmerkungen zu den Daten

Es existieren zu fast allen Trägerraketen leicht schwankende technische Angaben. Diese beruhen neben dem nachlässigen Umgang mit Zahlenmaterial vor allem auf unterschiedlichen Sichtweisen. So ist zum Beispiel manchmal unklar, ob das angegebene Leergewicht einer Raketenstufe dem Trockengewicht oder dem Gewicht nach Brennschluss (mit Treibstoffresten, Flüssigkeiten und Gasen) entspricht. Sofern es mir möglich war, habe ich dies aufgeschlüsselt. Weiterhin habe ich mich bemüht, Zahlen über Entwicklungskosten und Startpreise zusammen zu tragen. Dabei gab es jedoch zwei Probleme – wechselnde Währungsangaben (DM, Pfund, Dollar, Accounting Units) mit variablen Umrechnungskursen und die Inflation, die vor allem in den 70 er Jahren sehr hoch war.

Die NASA berechnet den Wertverlust anhand der Veränderung des Bruttoinlandsproduktes. So entspricht 1 Dollar des Jahres 2000 genau 0,583 Dollar im Jahr 1981. Oder 1 Dollar des Jahres 1981 entsprechen 1/0.583 = 1.71 Dollar im Jahre 2000. Vor der Einführung des Euros rechnete die ESA in „Millionen Accounting Units" (MAU), später in ECU (European Currency Unit). Der Umrechnungskurs gegenüber der Deutschen Mark blieb über Jahrzehnte nahezu unverändert bei etwa 1,90 DM, also etwas weniger als 1 Euro (1 Euro = 1,96 DM). Dollar, Pfund und französische Franc änderten ihren Wert jedoch stark im Laufe der Jahrzehnte. Beim Dollar lagen die Extreme zwischen 4,25 und 1,40 DM pro Dollar, beim Pfund zwischen 8,00 und 3,30 DM pro Pfund und beim Franc zwischen 0,70 und 0,30 DM pro FF.

Die folgende Tabelle zeigt exemplarisch die Entwicklung des US GDP-Index (**G**ross **D**omestic **P**roduct – Bruttoinlandsprodukt) in den Jahren 1960 bis 2007, relativ zum Jahr 2000.

Jahr	GDP Index (relativ zu 2000)	Jahr	GDP Index (relativ zu 2000)
1960	0,2100	1984	0,6744
1961	0,2130	1985	0,6963
1962	0,2154	1986	0,7125
1963	0,2181	1987	0,7311
1964	0,2207	1988	0,7541
1965	0,2245	1989	0,7834
1966	0,2293	1990	0,8125
1967	0,2367	1991	0,8430
1968	0,2451	1992	0,8642
1969	0,2563	1993	0,8838
1970	0,2703	1994	0,9028
1971	0,2838	1995	0,9218
1972	0,2972	1996	0,9395
1973	0,3103	1997	0,9559
1974	0,3327	1998	0,9675
1975	0,3673	1999	0,9802
1976	0,3938	**2000**	**1,0000**
1977	0,4233	2001	1,0236
1978	0,4518	2002	1,0432
1979	0,4882	2003	1,0643
1980	0,5310	2004	1,0918
1981	0,5830	2005	1,1251
1982	0,6229	2006	1,1598
1983	0,6504	2007	1,1892

Ariane 1

Mit der Ariane begann die europäische Zusammenarbeit bei der Entwicklung von Trägerraketen. Die Ariane wurde erfolgreicher und bekannter als alle vorhergehenden Entwicklungen. Der Name „Ariane" wurde zum Synonym für den Erfolg Europas im kommerziellen Satellitentransport. So wurde er dann später auch für die Ariane 5 übernommen, obwohl sich diese Rakete technisch grundlegend von den früheren Modellen unterschied.

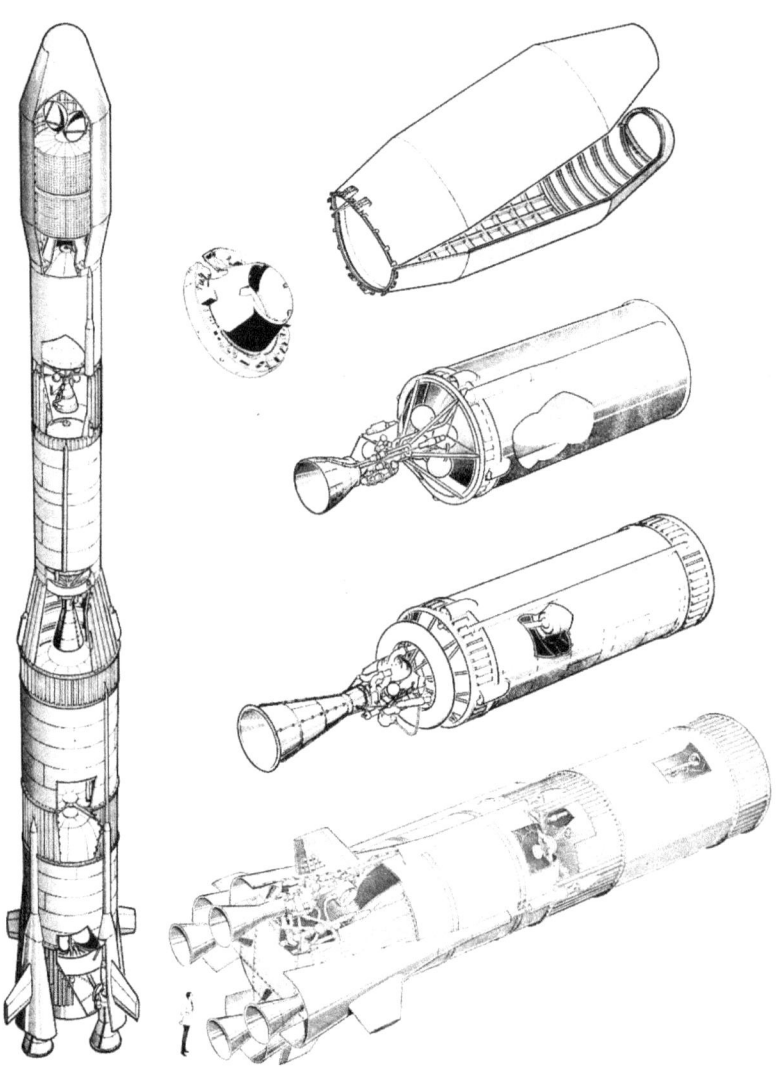

Abbildung 1: L3S Entwurf von 1973 - die dritte Stufe ist noch deutlich kürzer als bei der Ariane 1 und die unteren Stufen setzen noch Kegeldüsen ein.

L3S

Der ursprüngliche Entwurf der Rakete, die später einmal Ariane heißen sollte, wurde von Frankreich 1972 unter der Bezeichnung „L3S" erarbeitet. Die L3S (**L**anceur **3**ième **G**énération **S**ubstitution) übernahm die Teile der Europa-III, die keine hohen Entwicklungskosten erforderten, und ersetzte die anderen Teile.

Die Viking Triebwerke waren zu dieser Zeit schon in der Erprobung. Eine Version mit 40 t Schub war verfügbar, und ein Upgrade auf 55 t wurde getestet, welcher in Testläufen sogar schon 60 t Schub erreichte. Weitere Verbesserungen versprachen bald 70 t Schub. Vier dieser Triebwerke sollten eine relativ preiswerte erste Stufe antreiben, bei der auch nicht besonders auf das Gewicht geachtet werden musste. Die erste Stufe der Europa-III, die L150 (L für Liquid und 150 für 150 t Treibstoff) wurde so übernommen.

Die Entwicklung der zweiten Stufe der Europa-III und ihres leistungsfähigen, kryogenen Triebwerks wäre teuer gewesen. Die L3S reduzierte dieses Problem aber, indem die zweite Stufe viermal kleiner wurde und das Triebwerk nur 60 anstatt 200 kN Schub aufweisen sollte. Das Triebwerk basierte auf dem Triebwerk HM4. Dieses war 1967 zum ersten Mal in Vernon gelaufen. Frankreich hatte das Projekt jedoch schon 1968 nach 85 Tests wieder eingestellt. Das HM4 war mit vier Brennkammern und nur 40 kN Schub zu schubschwach und auch sein spezifischer Impuls war mit 4040 m/s deutlich zu niedrig. Der Schub wurde beim HM6 für die L3S auf 60 kN gesteigert, der spezifische Impuls war auf 4120 m/s geklettert. 1972 fanden die ersten Tests des HM6 statt.

Eine einfachere Auslegung, der Verzicht auf die Fähigkeit zur Wiederzündung und die Nutzung des erprobten Nebenstromverfahrens sollten das Entwicklungsrisiko weiter senken. Doch alleine mit einer solchen Oberstufe wäre die mögliche Nutzlast noch zu gering gewesen. Die Maßnahme der Ingenieure bestand darin, eine weitere Stufe einzuführen und aus der zweistufigen eine dreistufige Rakete zu machen.

Die technisch einfachste Möglichkeit war es, eines der Viking Triebwerke dafür einzusetzen. Für die Arbeit im Vakuum musste allerdings die Düse verlängert werden. Charakteristisch an diesem ersten Entwurf war, dass beide Oberstufen einen Durchmesser von 2,00 m hatten. Da dies dem Durchmesser der Oberstufen von Europa-I und -II entsprach, vereinfachte sich die Erprobung auf den schon existierenden Teststanden.

Dieses Konzept der L3S mit den Stufen L150, L30 und H6 wurde auf der europäischen Weltraumkonferenz im Dezember 1972 präsentiert. Die deutsche Regierung äußerte ihre Bedenken, dass die USA bereits den Markt dominierten und es keinen Bedarf für die L3S geben würde. Befürchtet wurde auch, dass der Erkenntnisgewinn im Einsatz neuer Technologien bei der L3S nur gering wäre, vor allem verglichen mit dem Europa-III Konzept.

Unter der Zusicherung, dass Deutschland nur einen fixen Anteil von 320 Millionen DM an den Entwicklungskosten zahlen müsste, wurde die Bundesrepublik mit ins Boot geholt. Frankreich selbst war bereit, 62,5% der Kosten zu tragen. Im Gegenzug gewann Deutschland die Franzosen für das Spacelab Projekt, das größtenteils von Deutschland finanziert wurde.

Die Entwicklungskosten der L3S wurden auf 2.200 Millionen Franc (etwa 420 Millionen Dollar oder 1.600 Millionen DM) geschätzt. Dies war deutlich weniger als die 3,3 Milliarden Francs, welche die Europa-III B erfordert hätte. Sehr schnell gab es eine Einigung, und schon am 5.2.1973 beschloss die deutsche Bundesregierung ihre Beteiligung an der L3S. Damit waren 83% der Rakete finanziert.

In der Folgezeit fanden sich noch Partner für die restlichen 17% der Kosten. So wurde am 31.3.1973 bei einer europäischen Konferenz die Entwicklung der Ariane beschlossen. Die endgültigen Projektkosten betrugen nun 2,4 Milliarden Franc oder 380 MAU. Zuletzt stieß auch England im Februar 1974 mit einer Beteiligung von 2,5% dazu.

Das Entwicklungsbudget hatte 20% Spielraum für Überziehungen. Alle darüber hinaus gehenden Kostenüberschreitungen sollte Frankreich alleine tragen. Eine Kostenüberschreitung von mehr als 35% berechtigte die Partner zum sofortigen Ausstieg. Diese rigiden Grenzen unterschieden sich deutlich von denen ELDO/Europa, die am Ende dreimal teurer als geplant wurde. Auf der anderen Seite wurde aber bemängelt, dass die L3S im Gegensatz zur Europa-III B technisch nur schwer erweiterbar war. Das Raketenprogramm lief nun unter dem Projektnamen „Vega".

Im Dezember 1973 wurde das Konzept optimiert. Die erste Stufe wurde kleiner (L140), die zweite und dritte größer (L33 / H8). Das HM6 mit vier Düsen wurde durch ein einzelnes HM7 ersetzt. Obwohl die Rakete so insgesamt 5 t leichter war, stieg die Nutzlast von 1.550 kg auf 1.600 bis 1.700 kg in den geostationären Übergangsorbit an. Die oberen Stufen wurden größer und leistungsfähiger und konnten somit die Gewichtsreduktion der ersten Stufe mehr als kompensieren.

Schon im Oktober 1973 erhielt die Rakete ihren Namen „Ariane". Inzwischen war auch klar geworden, dass Europa einen autonomen Zugang in den Weltraum brauchte. Die beiden experimentellen Nachrichtensatelliten Symphonie 1 und 2, ein deutsch-französisches Gemeinschaftsprojekt, mussten von der Europa-II auf die amerikanische Delta-2000 umgebucht werden. Die USA nützten das aus und machten zur Auflage, dass Deutschland und Frankreich die Satelliten nur experimentell nutzen dürften, also kein Geld damit verdienen könnten. Das gab dem Bestreben nach einem autonomen Zugang zum Weltraum neuen Auftrieb.

Aus den Fehlschlägen bei der ELDO und Europa hatte Frankreich gelernt. Die Firma Aérospatiale wurde nun als Hauptauftragnehmer mit der Gesamtverantwortung für die

Entwicklung der Rakete betraut. Die Ariane selbst war vorerst ein CNES Projekt mit ausländischer Beteiligung. Zu einem ESA-Projekt wurde sie erst später, als es um die Erweiterungen zur Ariane 2 bis 4 ging. Der Beschluss zur Auflösung der ELDO war gefallen, und die ESA nahm ihre Arbeit am 30.5.1975 auf, als die Ariane schon beschlossen war. Die Triebwerke stammten von SEP. Anders als bei der Europa war der Bau der einzelnen Stufen nicht an bestimmte Länder gebunden. Das zeigt sich am deutlichsten an der deutschen Beteiligung an der Ariane 1:

- MBB hatte zusammen mit SEP schon an dem kryogenen Antrieb der Europa-III gearbeitet und einen eigenen derartigen Antrieb entworfen. Daraufhin erhielt MBB den Auftrag, die Brennkammer und Düse der dritten Stufe zu entwickeln. Dieser Auftrag hatte einen Umfang von 50 Millionen DM.

- MAN bekam zusätzlich den Auftrag, das Schubgerüst und den Wassertank der ersten Stufe zu entwickeln. Im weiteren war MAN zuständig für den Gasgenerator und die Turbopumpe der Viking Triebwerke. Dies entsprach einer Auftragssumme von 58 Millionen DM.

- ERNO hatte bereits die Astris Stufe integriert und war deshalb der folgerichtige Kandidat für die Gesamtintegration der zweiten Stufe. Dazu gehörten auch die beiden Übergangsstrukturen, das Schubgerüst und der Wassertank sowie die gesamte Verkabelung. Dies machte eine Summe von 71 Millionen DM aus.

- Dornier bekam einen 34 Millionen DM Auftrag für die Entwicklung des Treibstofftanks und der Betankungseinheiten der zweiten Stufe.

- Nachdem bei der Europa noch das BMFW (Bundesministerium für Forschung und Wissenschaft) direkt mit der Astris betraut war, hatte Deutschland mittlerweile auch eine eigene Organisation, die für die Raumfahrt zuständig war. Die neu gegründete DFVLR (Deutsche Forschungs- und Versuchsanstalt für Luft- und Raumfahrt) erhielt einen Auftrag über 18 Millionen DM für die Tests der zweiten Stufe.

Dieses Vorgehen stellte sich als eine sehr gute Wahl heraus. Die vier größten deutschen Unternehmen, die damals schon Erfahrungen mit Raumfahrzeugen und Trägerraketen hatten, waren an der Entwicklung der Rakete beteiligt. Die gewonnenen technologischen Erfahrungen konnten so breit gestreut werden. Dies war eine Grundlage für die Entstehung einer starken Raumfahrtindustrie. Andererseits konnten die Aufträge nach den vorhandenen Erfahrungen der Unternehmen vergeben werden, wodurch sowohl Entwicklungs- als auch Kostenrisiken reduziert wurden. Ende 1973 war nicht nur die Definition der Rakete abgeschlossen, sondern es waren auch die Verantwortlichkeiten der Unternehmen geklärt. Die Ariane konnte in die Entwicklungsphase übergehen, die sich nach den Planungen von 1974 bis 1979 erstrecken sollte. Der erste Start war im Juli 1979 geplant, und anschließend sollten drei weitere Qualifikationsflüge in den Jahren 1979 und 1980 folgen.

Während der Entwicklung stieg die Performance der Rakete stetig an. Die Kegeldüsen in der ersten und zweiten Stufe wurden durch Glockendüsen ersetzt, was einen leichten Schubanstieg zur Folge hatte. Bei dem HM7 Antrieb war von einer konservativen Leistung mit einem spezifischen Impuls von 4225 m/s ausgegangen worden, doch schon während der Entwicklung wurde sichtbar, dass die reale Leistung des Antriebs höher sein würde. Vor dem Erststart wurde daher zwar Kunden eine Nutzlast von 1.700 kg garantiert, es wurde aber eine maximale Performance von 1.780 kg angenommen.

	L3S Entwurf (1972)	Ariane Entwurf (1974)	Ariane (1978)
Erste Stufe Durchmesser: Startgewicht: Leergewicht: Brenndauer: spez. Impuls:	3,80 m 166.060 kg 16.060 kg 152 sec 2438 / 2790 m/s	3,80 m 153.270 kg 13.270 kg 138 s 2727 m/s (Vakuum)	3,80 m 159.250 kg 13.270 kg 145 s 2432 / 2790 m/s
Zweite Stufe Durchmesser: Startgewicht: Leergewicht: Brenndauer: spez. Impuls:	2,00 m 33.730 kg 3.730 kg 120 s 2796 m/s	2,60 m 36.271 kg 3.243 kg 129 s 2879 m/s (Vakuum)	2,60 m 36.385 kg 3.285 kg 132 s 2864 m/s
Dritte Stufe Durchmesser: Startgewicht: Leergewicht: Brenndauer: spez. Impuls:	2,00 m 7.080 kg 1.080 kg 420 s 4120 m/s	2,60 m 9.462 kg 1.224 kg 562 s 4224 m/s	2,60 m 9.371 kg 1.157 kg 570 s 4315 m/s
Nutzlast:	1.550 kg in GTO	1.600 – 1.700 kg in GTO	1.700 – 1.780 kg in GTO

Abbildung 2: Heck der L140 Stufe mit den vier Triebwerken und eine Aufnahme vom zweiten Erprobungsstart L02.

Nation	Beteiligung
Frankreich	63,90%
Deutschland	20,10%
Belgien	5,00%
England	2,50%
Niederlande	2,00%
Spanien	2,00%
Italien	1,70%
Schweiz	1,20%
Schweden	1,10%
Dänemark	0,50%

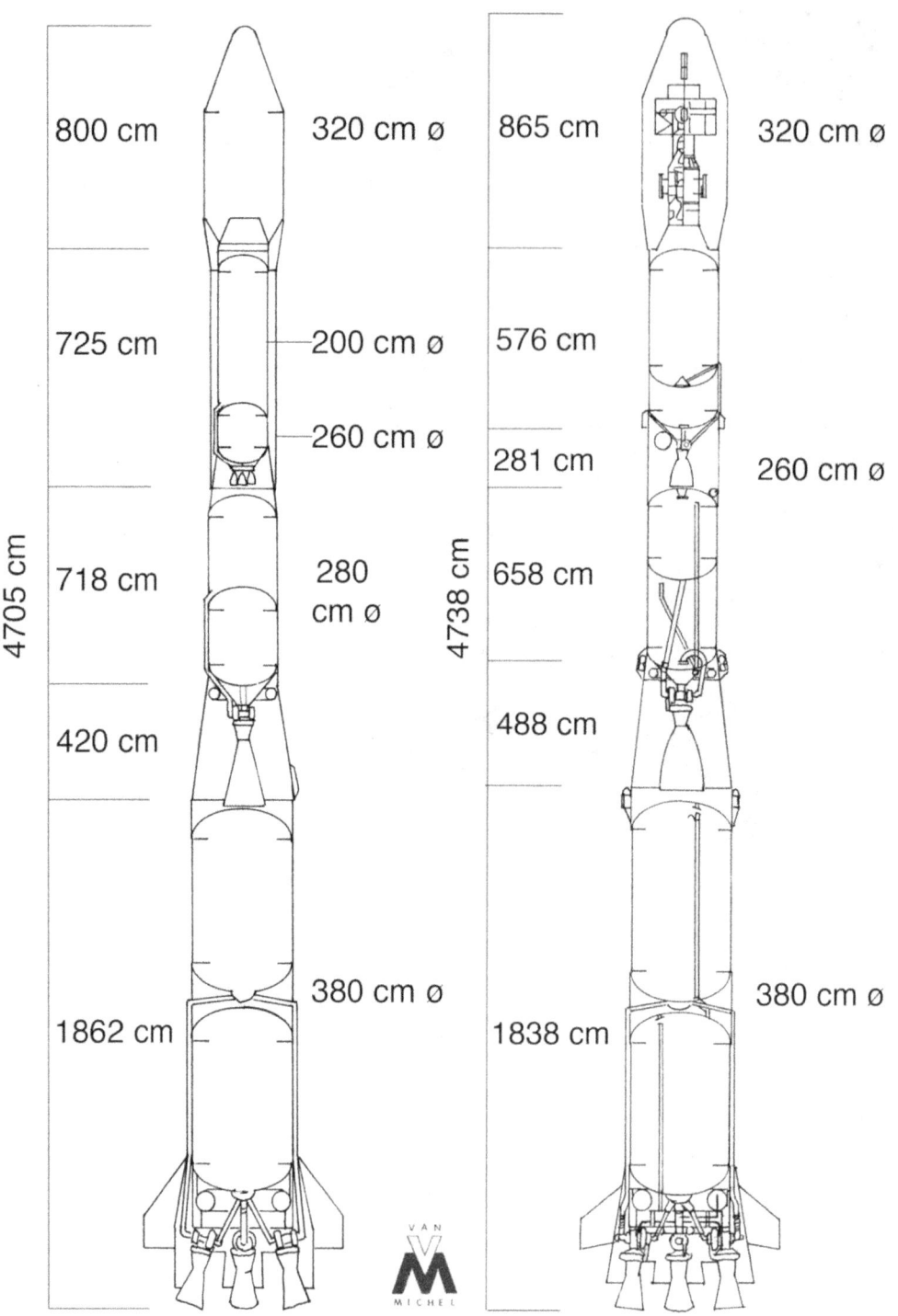

Abbildung 3: Der erste Projektvorschlag der L3S und die Ariane zum Vergleich.
© *der Grafik: Michel Van*

Die Namensgebung

Der Name Ariane erinnert an die Sagengestalt Ariadne, eine mythologische Gestalt der alten Griechen. Ariadne war es, die Theseus den Weg aus dem Labyrinth des Minotaurus zeigte. Der Minotaurus war ein Ungeheuer, halb Mensch, halb Stier, dem in einem verwunschenen Palast auf Kreta jedes Jahr Opfer gebracht wurden. Die Opfer wurden in ein Labyrinth geführt, in dem der Minotaurus sie angriff. Ariadne war eines der Opfer, doch sie konnte den Weg aus dem Labyrinth durch einen Faden markieren. Theseus nutzte diesen Wegweiser, um sie zu befreien und den Minotaurus zu töten.

In den 1970er Jahren sollte Ariane nun den europäischen Kontinent aus dem Labyrinth, welches die „Europa"-Rakete hinterließ, wieder ans Licht führen – und das tat sie auch. Doch wie kam es zu dem Namen?

- Verschiedenen Vermutungen zufolge soll „Ariane" die Freundin des französischen Ministers gewesen sein, der die Initialzündung für das Projekt gab.

- Hans-Martin Fischer, Autor des Buches „Europas Trägersystem Ariane", gibt dazu die folgende Erklärung: Die Namensgebung stamme vom französischen Technologie-Minister, der sich zu seinen beiden Söhnen eine Tochter gleichen Namens wünschte.

- Darüber hinaus war der Name in allen europäischen Ländern bekannt und leicht auszusprechen, und es entsprach einer Tradition Frankreichs, Stufen oder Raketen mit weiblichen Vornamen zu belegen.

- Ein Fakt ist aber unstrittig: Ariane war nicht auf der Liste der Vorschläge, welche dem Minister vorlagen. Die am meisten favorisierten Vorschläge waren „Orion", „Vega" und „Phoenix".

Letzterer stellte ebenfalls eine Anspielung an eine antike Sagengestalt dar. Der Vogel Phoenix erhebt sich aus seiner eigenen Asche – ein passender Vergleich zum eingestellten Europa-Programm. Dieser Name wurde gerade deswegen von der deutschen Delegation abgelehnt. Der französische Minister Jean Charbonnel war gegen Vega, weil es ein französisches Bier mit diesem Namen gab. Vega war der häufigste Vorschlag mit drei Nennungen gewesen. Für ihn akzeptabel waren nur „Penelope", „Phoenix" und eben „Ariane".

30 Jahre nach Ariane wird aber eine Rakete mit der Bezeichnung Vega ihren Jungfernflug in Kourou absolvieren - vom umgebauten Startplatz der Ariane aus. Allerdings steht hinter dieser Rakete die italienische Weltraumorganisation ASI.

Ariane – eine europäische Rakete

Obwohl sie nicht mehr „Europa" hieß, entwickelte sich im Ariane-Programm eine echte, europäische Zusammenarbeit. Folgende Firmen waren daran beteiligt:

Frankreich (63,9%)	
Aérospatiale	Gesamtintegration des Trägers und der ersten Stufe
SEP	Triebwerke für alle drei Stufen
L' Air Liquide:	Struktur und Tanks der dritten Stufe
MATRA	Ausrüstungsteile des Lenksystems
Intertechnique/SAT	Telemetrie
Deutschland (20,1%)	
MBB	Brennkammer und Ventile des HM-7 Triebwerks
ERNO	Strukturteile und Integration der zweiten Stufe
Dornier	Treibstoffbehälter der zweiten Stufe
M.A.N	Schubgerüst der ersten Stufe, Gasgenerator und Turbopumpen für die Viking Triebwerke, Bodenanlagen
Belgien (5%)	
SABCA	Verkleidungen der ersten Stufe und Servomotoren
F.N. Herstal	Ventile
ETCA	Selbstzerstörungssystem und Prüfstandausrüstung
England (2,5%)	
Ferranti	Kreiselplattform
GEC Marconi	Software des Lenksystems
HSD	Regler und Druckgasventile dritte Stufe
Spanien (2%)	
CASA	Strukturteile der ersten Stufe
Standard Electrica	Elektronikausrüstung
Italien (1,7%)	
Aeritalia	Technologische Nutzlast CAT
SNIA Viscosa	Feststofftrennraketen
Hollamd (2%)	
Fokker-VFW	Schubgerüst dritte Stufe und Stufenadapter zweite und dritte Stufe
N.R.L	Aerodynamische Versuche

Schweiz (1,2%)	
Contraves	Nutzlastverkleidung
Schweden (1,1%)	
SAAB	Bordrechner (OBC)
Volvo	Einspritzkopf der Viking Triebwerke
Dänemark (0,5%)	
Rovsing	Elektronikausrüstung

Die beiden Hauptauftragnehmer der CNES waren SEP für die Triebwerke und Aérospatiale für die Strukturen. Diese Firmen vergaben nach dem Prinzip des „geografischen Rückflusses" die einzelnen Aufträge wiederum an die beteiligten Länder, wobei mindestens 80% des investierten Geldes der einzelnen Länder in Form von Aufträgen zurückfließen mussten.

Während der Entwicklung waren so insgesamt 50 Subkontraktoren aus zehn Ländern mit 3.600 beschäftigten Personen eingebunden.

Abbildung 4: Testabtrennung der Nutzlasthülle 1978

Die Entwicklung der Ariane 1

Das Entwicklungsprogramm für Ariane verlief von 1973 bis 1979 erstaunlich glatt. So konnte 1979 auch das geplante Jahr des Erststarts eingehalten werden, auch wenn sich dieser um einige Monate verzögerte.

Die Entwicklung des Viking Triebwerks konnte auf Vorversuche mit Viking-1 zurückgreifen. Das Viking-2 musste dazu nur im Schub gesteigert werden. Der erste Test eines Viking-2 Triebwerks fand bereits am 21.6.1973 statt, weshalb SEP genügend Zeit hatte, zusätzliche Modifikationen am Triebwerk vorzunehmen. So wurde die Kegeldüse durch eine Glockendüse ersetzt - bei gleicher Länge haben sie ein höheres Expansionsverhältnis, wodurch Schub und spezifischer Impuls anstiegen.

Im April 1976 fanden die ersten Tests mit einer Glockendüse anstatt einer Kegeldüse statt. Das – jetzt Viking-5 getaufte – Triebwerk lief erstmals am 10.4.1976. Es ersetzte das Vorgängermodell Viking-2 in der ersten Stufe.

Schon im Januar 1976 begannen die ersten Tests mit den unteren beiden Stufen. Im Februar 1976 folgten Tests mit dem dynamischen Strukturmodell, bei denen die Struktur und die Tanks den erwarteten Lasten während des Fluges ausgesetzt wurden. Besondere Aufmerksamkeit schenkte Aérospatiale dem POGO-Effekt. Es zeigte sich, dass die zweite und dritte Stufe wenig anfällig für POGO Schwingungen waren. Bei der ersten Stufe war es aber notwendig, ein System zu Reduktion der Schwingungen in den Rohrleitungen einzubauen.

Das Management hatte aus dem Versagen der Europa bei F7, F8 und F11 gelernt und begann schon im Juli 1976 mit dem elektrischen Systemaufbau und EMV-Tests. (EMV: **El**ektro**m**agnetische **V**erträglichkeit - stört ein elektrisches System ein anderes oder kann ein System ausfallen durch starke elektromagnetische Felder?). Beim Test des dynamischen Modells der zweiten Stufe trat Wasser aus dem Wassertank für die Gasgeneratoren aus; eine Tatsache, die damals zwar die Tests aufhielt, aber nicht weiter verfolgt wurde. Dies sollte bei Flug V10 noch Folgen haben.

Im Juli 1977 erfolgte die Abnahme der umgebauten Startrampe der ehemaligen Europa-Rakete in Kourou. 1976 schätzte die CNES die Kosten eines Ariane Starts auf 16 Millionen Dollar. Der direkte Konkurrent, die Atlas Centaur, kostete damals schon 18,7 Millionen Dollar. Dieser Preisunterschied blieb bestehen, auch wenn die Startpreise durch die hohe Inflation in den 70er Jahren rasch anstiegen.

Ende 1977 wurden die ersten Tests mit vollständig integrierten Stufen durchgeführt. Den Anfang machte am 20.12.1977 die L140, gefolgt von der H8 am 10.1.1978 und der L33 am 31.1.1978.

Im Jahre 1978 befürchtete die ESA, dass die Ariane zu teuer werden würde. Deshalb ließ die DFVLR die Möglichkeit untersuchen, die erste Stufe nach dem Ausbrennen zu bergen. Versuche in einem Windkanal der DFVLR bei Köln-Pforz ergaben aber, dass die erste Stufe durch die schweren Triebwerke hecklastig war und sich im Fluge überschlagen würde. Dies war zu riskant für eine Fallschirmlandung. Es bestand die Gefahr, das die Rakete sich in den Seilen verheddern könnte. Dazu kamen die hohen Beanspruchungen der Stufe durch die plötzliche Abbremsung bei fünffacher Schallgeschwindigkeit. In der Folge konzentrierte man sich dann nur auf die Bergung des Schubgerüsts mit den vier Viking Triebwerken.

Ariane war aber zu teuer für den Einzeltransport von Satelliten der Delta-3000 Klasse. Damals waren die meisten Satelliten kompatibel zu diesem Träger. So vergab die ESA im Juli 1978 den Auftrag für die Entwicklung der Sylda (**Sy**stemè des **L**ancements **d**ouble **A**riane), um Doppelstarts von Satelliten durchführen zu können. Schon vor dem ersten Start musste wegen der Produktionsdauer von rund drei Jahren ein zweites Los von anfänglich fünf, später sechs Ariane 1 bestellt werden.

Im Jahre 1978 war der Startplatz ELA-1 (Ensemble de Lancement Ariane 1) fertiggestellt, und es konnten an einer Testrakete (**M**aquette **R**emplissage = MR) die Betankungsversuche für den späteren Countdown beginnen. Im gleichen Jahr wurden die Tests mit kompletten einzelnen Stufen abgeschlossen. So wurden von der zweiten Stufe vier Modelle bei 22 Zündungen insgesamt 30 Minuten lang getestet. Das entsprach einer Belastungsdauer von 13 Flügen.

Man begann nun, Übungen mit einer kompletten Rakete in Kourou durchzuführen. Diese Übungen beinhalteten den Zusammenbau der Stufen, verschiedene Countdowntests, die Betankung und die Startvorbereitung. Zu diesem Zweck wurde eine Ariane in Flugkonfiguration am Startturm zusammengebaut und mehrmals be- und enttankt. Danach wurde die Rakete demontiert und nach Europa gebracht. Hier wurden die Stufen nach einer Reinigung und anschließenden Inspektion erneut nach Kourou verschifft. Diese Rakete sollte planmäßig als L02 starten.

Im Februar 1979 entdeckte Aérospatiale einen Fehler in der dritten Stufe und verschob den Erststart von Juli auf November. Eine Untersuchung zeigte, dass die dritte Stufe weitere Tests am Boden absolvieren musste. Um den Erststart im Jahr 1973 nicht zu gefährden, entschloss sich die CNES, ihn trotz der Probleme im Dezember durchzuführen, die dritte Stufe aber noch nicht als qualifiziert anzusehen. Ihre Qualifikation sollte erst nach zwei Testflügen und weiteren Tests am Boden erfolgen. Bis zu diesem Zeitpunkt war Ariane noch im Kostenrahmen. Bis zum Abschluss des Programms rechnete die CNES mit 105% des Budgets von 590 Millionen Dollar (im Wert von 1977).

Das Testprogramm galt als erfolgreich abgeschlossen, wenn zwei der vier Teststarts erfolgreich waren. Nach dem Debakel mit der Europa-I und -II sollte der Ball bewusst flach gehalten werden.

Am 15.12.1979 sollte gemäß Planung zum ersten Mal eine Ariane 1 starten. Anders als bei der Europa-I handelte es sich beim ersten Flugexemplar der Ariane 1 um eine Rakete mit drei aktiven Stufen. Die Nutzlast war CAT – eine Messkapsel zur Messung von Performance-Parametern und 1.400 kg Ballast, um ein Gesamtgewicht von 1.600 kg zu erreichen. Zur Vermeidung von unnötigem Weltraummüll blieb die Nutzlast fest mit der H-8 verbunden. Als Erfolg galt die ordnungsgemäße Funktion der ersten beiden Stufen, da die dritte Stufe die Qualifikation noch nicht durchlaufen hatte.

Der Countdown verlief ohne Probleme, der Sprecher zählte langsam herab: „Trois, deux, un, feu". Die Triebwerke zündeten planmäßig, und Feuer brach aus den Düsen heraus. Quälende vier Sekunden lang sollte sich der Schub aufbauen, bevor die Rakete abhob, doch das tat sie nicht. Acht Sekunden nach der Zündung stellte der Bordcomputer die Triebwerke wieder ab. Was war geschehen? Die Ariane wurde von vier Klammern am Boden festgehalten. Beim letzten Test nach dem Start der Maschinen hatte der Bordcomputer in einem Triebwerk einen zu geringen Schub festgestellt. Daraufhin hatte er die Klammern nicht freigegeben und die Triebwerke wieder abgeschaltet.

Acht Tage später kam es zum zweiten Startversuch. Diesmal spielte das Wetter nicht mit: 58 Sekunden vor dem Abheben musste der Start wegen einer Wetterfront mit zu tiefen Wolken und strömenden Regen abgesagt werden.

Einen Tag später, am 24.12.1979, machten sich die Europäer selbst ein Weihnachtsgeschenk. Die erste Ariane 1 hob problemlos zum Jungfernflug ab. Zwar gab es auch bei diesem Start Probleme mit verklemmten Ventilen, aber schlussendlich gelang er. Das einzige Vorkommnis war, dass die dritte Stufe zehn Sekunden zu früh abschaltete. Die Nutzlast erreichte aber trotzdem die geplante Bahn. Dieses Phänomen wurde auch bei den Testflügen 3 und 4 beobachtet. Die dritte Stufe lieferte also mehr Schub als geplant, und Ariane hatte damit eine höhere Nutzlast. Anstelle von 1.700 kg erreichte sie eine Maximalnutzlast von 1.850 kg. Im weiteren gelang es bei diesem Erstflug, mit dem Resttreibstoff eine räumliche Ausrichtung der dritten Stufe und danach eine Spinstabilisierung im Orbit durchzuführen.

Flug 2 hätte ursprünglich den GEOS-2 Satelliten befördern sollen, doch dieser war schon zu einem früheren Zeitpunkt als Ersatzsatellit auf einer Delta 2914 gestartet worden, da GEOS-1 durch eine Fehlfunktion der Delta in einen falschen Orbit gelangte. So nahm der Experimentalsatellit Feuerrad aus Deutschland und ein Satellit der Amateurfunkorganisation AMSAT die freie Stelle ein.

Beim Start am 23.5.1980 kam es zu einer Verbrennungsinstabilität in einem der vier Viking Triebwerke. Nach 64 s brannte die Wand des Triebwerks durch, und die heißen Gase beschädigten dessen Schwenkmechanismus. Das Triebwerk bewegte sich unkontrolliert in seiner Aufhängung. Die anderen drei Triebwerke versuchten gegenzusteuern, doch nach 104 s kam es zum Bruch der Struktur. Der Computer aktivierte die Selbstzerstörung, indem er Sprengschnüre an den Tanks zündete. Die Reste der Rakete konnten 25 km vor der Küste, nahe der Teufelsinsel, geborgen werden.

Es gab eine einjährige Pause, in der die Einspritzung geändert und getestet wurde. Man vergrößerte die 720 Bohrungen im Einspritzkopf, und die Geometrie wurde verändert. Seither wird jedes Einspritzsystem vor dem Start getestet, ob es einwandfrei zündet und sauber brennt. Weiterhin wurde beschlossen, die Ariane 2 und 3 auf das stabiler verbrennende UH25 (statt UDMH) umzustellen.

Flug 3 transportierte mit dem europäischen Wettersatelliten Meteosat 2 und dem indischen experimentellen Wettersatelliten Apple erstmals zwei wertvolle Nutzlasten. Ohne die Doppelstartplattform Sylda war dies nur möglich, weil Meteosat direkt auf Apple montiert wurde.

Auch Flug 4 gelang mit dem Satelliten MARECS-A. Dies war der erste Nachtstart, der erste von vielen die folgen sollten. Nun wurde die Ariane 1 für einsatzbereit erklärt. Die Entwicklungskosten betrugen bis dahin 116% des vorgesehenen Betrags (921 Millionen Dollar vom Wert von 1982). Der Großteil der Mehrkosten war durch die Verzögerung des Erprobungsprogramms nach dem Fehlstart bei L02 verursacht worden.

Der überraschende kommerzielle Erfolg

Die anfängliche Planung der CNES für die Ariane ging davon aus, zwischen 1980 und 1990 maximal 40 bis 50 Starts zu realisieren. Eine CNES-Studie hatte ergeben, dass in dieser Zeit 180 Satelliten in den geostationären Orbit gestartet werden würden, und die CNES erhoffte sich einen Anteil von 30% davon.

Zwei Starts pro Jahr waren das Minimum, um die Fixkosten für das CSG aufzubringen und eine minimale Produktion aufrecht zu erhalten. Schon dies hielten viele Beobachter für enorm optimistisch, angesichts der damals seit bereits zwei Jahrzehnten existierenden Konkurrenz aus den USA und dem Debakel der Europa-Rakete.

Während der Entwicklung und der ersten Jahre des Einsatzes wurden die Erfolgsaussichten der Ariane sehr unterschiedlich beurteilt. Die populäre Presse erinnerte an die Europa und ihr Scheitern. Angeführt wurde auch, dass die Rakete technologisch weitgehend veraltet sei.

Vor allem aber prophezeiten die Journalisten, dass der Space-Shuttle bald Nutzlasten für einen Bruchteil des Preises transportieren würde. Wie schon bei der „Europa" würde Deutschland auf eine Rakete setzen, die keine Zukunft habe.

Manch einer erblickte sogar in dem umstrittenen Konzept der OTRAG-Rakete, welche aus überaus vielen, einfachen Modulen zusammengebaut worden wäre, die kostengünstigere Lösungsidee, als im Design der Ariane.

Die Fachpresse und viele Fachleute sahen dies dagegen differenzierter. Zwar war die Ariane 1 kein Träger, welcher die neueste Technologie einsetzte, doch das traf auch auf alle US Trägerraketen zu. Vielmehr waren durch die Beschränkung auf bewährte Technologien das Entwicklungsrisiko und die Startkosten kalkulierbar. Dazu kamen das geographisch vorteilhafte Startgelände und die Fähigkeit des Trägers, Doppelstarts von Satelliten durchzuführen.

Auch bezweifelten viele Experten, dass ein Space-Shuttle viel billiger als Ariane sein würde. Sein Startpreis wurde während seiner Entwicklung laufend angehoben. Ein Space-Shuttle hätte zwar vier Nutzlasten der Delta Klasse transportieren können, doch in der Praxis beförderte er nur zwei Nutzlasten. So hob sich der Vorteil des zuerst noch subventionierten Startpreises wieder auf. Zudem lag der Space-Shuttle Jahre hinter dem Zeitplan zurück und konnte nicht die angestrebte hohe Startrate erreichen.

Diese Experten sollten recht behalten. Sehr bald zeigte sich, dass die Ariane weitaus erfolgreicher sein würde. Die ESA konnte mit den Startaufträgen aus Europa rechnen und auf weitere Aufträge aus Drittländern (Brasilien, Arabien, Indonesien und Japan) hoffen. Im weiteren transportierte Ariane bald sogar auch amerikanische Nutzlasten und Satelliten der internationalen Organisation Intelsat.

Der erste operationelle Start L05 scheiterte hingegen am 9.9.1982. Nach 560 s Flugzeit versagte das HM-7 Triebwerk. Der Kommunikationssatellit MARECS-B und der Mehrzwecksatellit Sirio gingen verloren. Die Telemetrie zeigte, dass die Turbopumpe der dritten Stufe versagt hatte. Wahrscheinlichste Ursache war ein Ausfall der Schmierung oder die erhöhte Reibung von Teilen. Das Design der Pumpe wurde von unabhängigen Experten geprüft und verändert.

Nach neun Monaten Tests und Modifikationen sowie insgesamt 15.000 s Tests mit dem HM-7 Triebwerk konnte am 16.6.1983 wieder eine Ariane den europäischen Kommunikationssatelliten ECS 1 und einen weiteren AMSAT absetzen.

Der erste kommerzielle Flug war der Start von Intelsat 5A-F7 beim siebten Flug. Der Start war schon im Dezember 1978 gebucht worden, also noch vor dem Jungfernflug der Ariane 1.

Schon im März 1980 war die private Gesellschaft Arianespace mit dem Sitz in Evry bei Paris gegründet worden. Sie war mit einem Stammkapital von 65,2 Millionen DM (179 Millionen Francs) ausgestattet und beschäftigte anfänglich 30 Mitarbeitern. Beteiligt waren 35 Firmen, welche die Ariane bauten, die CNES und einige Banken.

Arianespace und ESA führten die Starts 5 bis 8 gemeinsam durch, wodurch Arianespace die nötige Erfahrung für den kommerziellen Einsatz bekam. Ab dem neunten Start war Arianespace alleine für die Produktion, den Start und die Vermarktung des Trägers zuständig. Damit änderte sich auch die Kennzeichnung der Flüge. Die ersten Starts hatten die Bezeichnung „L01" bis „L08" erhalten, wobei L für Launch (Start) stand. Ab dem neunten Start hieß es nun „V09", mit dem V für Vol (französisch für Flug).

Arianespace war weltweit die erste private Firma, die Raketenstarts anbot. In den USA starteten immer noch die NASA oder US Luftwaffe Satelliten und orderten dafür die Raketen vom Hersteller. Die ESA hingegen hatte sich komplett aus der Vermarktung zurückgezogen, finanzierte aber noch die Weiterentwicklung zur Ariane 2 und 3.

Neben vier Testflügen bestellte die ESA auch das erste Produktionslos von sechs Ariane 1 im April 1979. Die Produktionskosten einer Ariane 1 wurden damals mit 21 Millionen Dollar (Preisbasis 1977) angegeben. Alle folgenden Starts verliefen problemlos, bis bei der Startvorbereitung von V10, beim Wassertank der zweiten Stufe eine Leckage feststellt wurde. Ein Reservetank, der aus Bremen eingeflogen wurde, hatte das gleiche Problem. Es zeigte sich, dass Haarrisse diese undichten Stellen verursachten. Das Phänomen war schon während der Entwicklung aufgetreten, doch war ihm nicht die nötige Aufmerksamkeit geschenkt worden. Da schon alle Wassertanks für die Ariane 1 hergestellt waren, musste das Problem bei diesem Modell mit einem Workaround gelöst werden. Die schon gefertigten Tanks erhielten eine Umhüllung, um sie abzudichten. Für Ariane 2 und 3 wurde die Fertigung auf eine neue Schweißtechnik umgestellt.

Die schon erwähnte CNES-Untersuchung des Marktes von 1978 ging von 27 bis 44 von Ariane gestarteten Satelliten für die ersten zehn Jahre aus. Die höhere der beiden Zahlen wurde damals als ein optimistischer Wert betrachtet. Tatsächlich transportierte die Ariane in der ersten Dekade aber trotz mehrerer Verzögerungen durch Fehlstarts in 34 Flügen 60 Nutzlasten!

Schon 1983 hatte die Rakete ein Auftragsbuch von 25 Satelliten. Als die Rakete von 1986 bis 1987 nicht starten konnte und auch das Space-Shuttle nicht einsatzbereit war, stieg das „Backlog" sogar auf 42 Starts an. Der erste Start geschah noch zu einem „Promotionspreis" von 45 Millionen Dollar, die folgenden dann bereits zu einem regulären Startpreis von 60 Millionen Dollar für US Kunden und 75 Millionen Dollar für europäische Staaten. Dies sorgte natürlich für einigen Ärger in Europa, aber durch diese Mehrkosten wurden die Fixkosten des CSG finanziert. Die NASA verlangte nichts für die Nutzung ihrer Starteinrichtungen, schließlich musste der Weltraumbahnhof unabhängig von der Auftragslage bezahlt werden, weil Cape Canaveral notwendig für den Start militärischer und ziviler nationaler Satelliten war. Erst als nach der Challenger-Katastrophe die Aerospace Firmen ihre Träger unabhängig von der NASA anbieten durften, mussten diese die Nutzung der Anlagen bezahlen.

Mitte 1981 gab Arianespace folgende Startpreise in Franc an (Preisbasis 1978):

	Nutzlast	Preis ESA Staaten	Preis Nicht-ESA Staaten
Ariane 1	1.730 kg	175 Mill. FF	140 Mill. FF
Ariane 2	2.000 kg	181 Mill. FF	145 Mill. FF
Ariane 3	2.300 kg	195 Mill. FF	158 Mill. FF
Ariane 3 Doppelstart	1.140 kg	106 Mill. FF	84 Mill. FF

Arianespace bekam von der ESA keine Auflage über die Höhe der Startpreise, nur der maximale Aufschlag für ESA Länder (+ 25 %) wurde festgelegt. Die Preise mussten so kalkuliert sein, dass die Firma keine Zuschüsse benötigte.

Ein Start konnte drei Jahre nach Platzierung eines Auftrages erfolgen. Mit der Buchung wurden erste Zahlungen fällig, die dann regelmäßig alle drei Monate erfolgen mussten, bis zum Start die ganze Summe bezahlt war. Damit vermied Arianespace es, trotz des geringen Stammkapitals, in Finanzierungsnöte für die Produktion zu kommen.

Wenn ein Kunde erst zwei Jahre vor dem Start mit der Zahlung anfing, so wurde das Gesamtpaket teurer (alternatives Finanzierungsmodell). Dann waren insgesamt 109% zu zahlen, damit die Produktion im ersten Jahr gesichert war. Reservierungen für einen gewünschten Startzeitraum waren gegen eine Gebühr von 100.000 Dollar möglich. Eine Rückversicherung wurde für einen Preis von 10 bis 11% des Wertes des Satelliten angeboten. Davon deckten 7% einen Fehlstart ab, der Rest andere Risiken.

Die Ariane 1 wurde schon bald durch die Ariane 2 und 3 abgelöst. Nach dem Erstflug der Ariane 3 waren die beiden letzten Ariane 1 für den Start der Kometensonde Giotto und des Erdbeobachtungssatelliten SPOT 1 vorgesehen. Beide Nutzlasten waren für eine Ariane 2 zu klein. Die beiden Missionen brachten zwei Premieren mit sich. Giotto war der erste Start einer europäischen Raumsonde, und SPOT war der erste Start der Ariane in einen sonnensynchronen Erdorbit.

Die fehlende Wiederzündbarkeit des HM-7 Triebwerks machte für Giotto allerdings eine besondere Lösung notwendig: Die Raumsonde wurde zusammen mit einem Mage-Apogäumsantrieb in einen geostationären Übergangsorbit transportiert, und der Apogäumsmotor beschleunigte die Sonde nach drei Umläufen in einem zweiten Schritt auf

Fluchtgeschwindigkeit. Eine weitere ESA-Nutzlast, der Röntgensatellit Exosat, hätte wegen seiner hoch elliptischen Bahn auch eine eigene Ariane erfordert. Es erwies sich jedoch als einfacher, diese Nutzlast mit einer Delta-3914 zu starten und den auf der Ariane frei werdenden Platz kommerziell anzubieten, zumal die Herstellung von Exosat verspätet war und der Satellit ein enges Startfenster einhalten musste.

Die meisten Ariane 1 Flüge beförderten Einzelnutzlasten. Drei davon waren nicht aus ESA Staaten. Ein Ariane 1 Start kostete zum Produktionsende im Jahr 1986 334 Millionen Franc, damals etwa 58 Millionen Euro.

Abbildung 5: Blick auf die Maquette Remplissage (Betankungsmodel)
Version für die Tests in Kourou

Abbildung 6: Jungfernflug der Ariane 1 am 24.12.1979

Ariane 1 – die Rakete

Die Ariane 1 war eine dreistufige Trägerrakete mit weitgehend konventioneller Technologie. Ziel war es, einen preiswerten Träger mit überschaubarem Entwicklungsrisiko und entsprechend planbaren Kosten zu entwickeln. In ihr wurden einige grundlegende Prinzipien des Raketenbaus verwirklicht.

So wurden die Leistungen der einzelnen Stufen „nach oben" hin besser, weil Gewichtseinsparungen bei den zweiten und dritten Stufen stärker zum Tragen kommen als bei der Ersten. Die Unterstufe verwendete noch Edelstahl für die Tanks, die zweite und dritte Stufe dagegen Aluminium. Die ersten beiden Stufen nutzten die einfach zu handhabende, aber mittelenergetische Treibstoffkombination UDMH / Stickstofftetroxid. Die dritte Stufe arbeitete dagegen mit flüssigem Wasserstoff und Sauerstoff, was damals technologisches Neuland für Europa bedeutete.

Abbildung 7: SPOT 1 wird in die Nutzlasthülle der letzten Ariane 1 eingeschlossen

Ariane 1 wurde für den Transport von Satelliten in den geostationären Orbit konstruiert. Die Struktur der dritten Stufe und der VEB (**V**ehicle **E**quipment **B**ay) waren daher für eine maximale Nutzlast von 2.500 kg ausgelegt. Dieser Wert entsprach auch der Nutzlast in einen 840 km hohen sonnensynchronen Orbit von 99 Grad Inklination. Die maximale Nutzlast von 4.500 kg, in einem äquatorialen, 200 km hohen Orbit, konnte so nicht ausgenutzt werden.

Die Rakete wurde mit dem Ziel einer Zuverlässigkeit von mindestens 90% konstruiert, das heißt neun von zehn Starts sollten gelingen. Arianespace war deutlich zuversichtlicher und ging bei der Vermarktung schon von 93-95% Zuverlässigkeit aus.

Die erste Stufe L140

Die erste Trägerstufe „L140" sollte flüssige Treibstoffe (L für Liquid) von etwa 140 t Gewicht mitführen. Gegenüber den ursprünglichen Planungen wurde die Treibstoffmenge dann aber auf 147,7 t erhöht.

Die Rakete verwendete vier Triebwerke des Typs Viking-5. Diese wurden mit der hypergolen Treibstoffkombination UDMH und dem Oxidator NTO (Stickstofftetroxid) betrieben.

Die Tanks wurden aus 2 mm dickem Edelstahl gefertigt. Sie waren zylindrisch mit elliptischen Domen, hatten eine identische Größe und waren untereinander austauschbar, was eine preiswerte Fertigung ermöglichte. Die Tanks stellten zugleich auch einen Teil der Außenhaut der Rakete dar. Rund um die Tanks herum befanden sich Spannbänder zur Befestigung von Leitungen, die an der Außenseite der Rakete angebracht waren. So verliefen die Treibstoffleitungen für das NTO an der Außenseite des unteren UDMH Tanks.

Die Tanks selbst wurden durch Innendruck versteift. Sie waren recht dünn, konnten aber stehend und liegend ohne Innendruck gelagert werden. Allerdings hätten sie bei einer Schräglage, ohne Versteifung durch Innendruck, Risse bekommen.

Zum Aufbau des Innendrucks wurde vor dem Start Druckgas verwendet. Nach dem Start leitete man einen Teil des Gases, die der Gasgenerator produzierte, in die Tanks. Damit erreichte beim Start bei vollen Tanks einen Druck von 5 Bar. Mit der fortschreitenden Entleerung des Tanks sank der Innendruck bis auf 3 Bar. Jedes Triebwerk hatte eine eigene Versorgungsleitung, welche an der Außenwand der Stufe verlief.

Die verwendete Treibstoffkombination kam auch bei der amerikanischen Titan und der russischen Proton zum Einsatz. Ein Vorteil war die Lagerfähigkeit der Treibstoffe, sodass diese bei einer Startverschiebung nicht abgepumpt werden mussten. Darüber hinaus zündeten die Komponenten bei Kontakt von selbst, was eine externe Zündung unnötig machte. Damit konnte eine der Hauptfehlerquellen bei Triebwerken vermieden werden. Die Zündung des HM7 scheiterte zweimal – bei den fast 1000 eingesetzten Viking Triebwerken kam dies nicht einmal vor.

Im Schubgerüst befand sich der Wassertank für die Gasgeneratoren der Triebwerke. Der ringförmige, 2.700 l fassende Tank umgab die vier Triebwerke. Das Wasser wurde durch 5 cm dicke Rohre zu den Triebwerken geleitet. Die erste Stufe benötigte während des Betriebs 2.300 l Wasser. Im Gasgenerator verbrannte UDMH mit demselben Mischungsverhältnis wie im Haupttriebwerk. Das eingespritzte Wasser kühlte das entstandene Gasgemisch auf 600 °C. Danach wurde die Mischung adiabatisch auf 400 °C gekühlt, wobei der Druck auf 15 Bar anstieg. Dieses Arbeitsgas trieb danach die Turbopumpe an und wurde zur Druckbeaufschlagung der Tanks und zum hydraulischen Schwenken der Triebwerke genutzt. Im weiteren wurde das Abgas auch für die Rollsteuerung genutzt.

Zwischen den Tanks befanden sich zylindrische Verbindungselemente aus Aluminium in Spanten- und Stringerbauweise, welche zusammen mit dem Rahmen für die Triebwerke die massivsten Teile der Rakete bildeten. Schubgerüst und Stufenadapter bestanden ebenfalls aus einer Aluminiumlegierung.

Die Triebwerke, Gasgeneratoren und Turbinen befanden sich im unteren, 2,30 m hohen Schubgerüst. Die Triebwerke waren vom Zentrum der Stufe nach außen hin versetzt, damit ihre Abgasstrahlen nicht zu einer Beschädigung der jeweiligen Nachbartriebwerke führen konnten. Sie waren jeweils paarweise schwenkbar für Korrekturen der Nick- und Gierachse. Die Triebwerke arbeiteten im Nebenstromverfahren. Jedes Triebwerk hatte eigene Versorgungsleitungen für NTO, Wasser und UDMH und konnte bei einem Ausfall separat abgeschaltet werden.

Unten an der Stufe befanden sich vier kleine Flügel, die sogenannten Finnen (englisch: Fins). Sie stabilisierten die Rakete während der ersten Flugphase in der dichten Atmosphäre.

Die erste Stufe war mit der Zweiten über einen Stufenadapter verbunden. Dieser war fest an der zweiten Stufe angebracht und verjüngte sich von 3,80 m auf 2,60 m bei einer Länge von 2,60 m. Vier paarweise angeordnete Feststoffraketen zündeten eine Sekunde lang und trennten damit die erste Stufe von der Zweiten ab. Danach zündeten weitere Feststofftriebwerke für fünf Sekunden, um den Treibstoff am Boden zu sammeln, während das Triebwerk der zweiten Stufe gezündet wurde. Jetzt konnten diese Feststofftriebwerke abgeworfen werden. Der Adapter zur zweiten Stufe wurde nach deren Zündung durch eine Schneideschnur pyrotechnisch abgetrennt.

L140	
Länge:	18,40 m
Durchmesser: Spannweite:	3,80 m 7,50 m mit Fins
Trockengewicht:	13.270 kg
Treibstoffe:	147.670 kg maximal, 570 kg nicht nutzbar, 51.560 kg UDMH, 96.110 kg NTO
Mischungsverhältnis:	1,864:1 (NTO/UDMH)
Startgewicht:	160.940 kg
Schub:	2.440 kN (Meereshöhe, 2.740 kN (Vakuum)
Wasser:	2.300 kg
Zwischenstufenadapter:	3,30 m Höhe, 475 kg Gewicht
Tankdruck:	5 Bar

Abbildung 8: Produktion der ersten Stufe

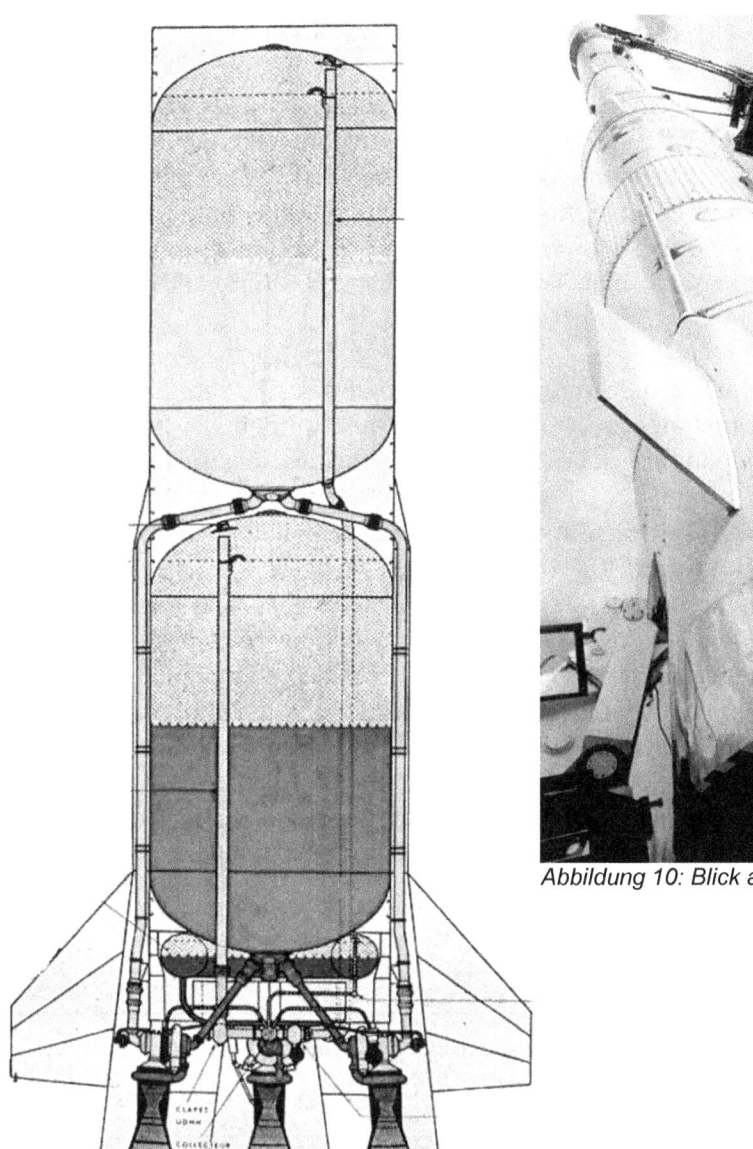

Abbildung 9: Querschnitt durch die erste Stufe

Abbildung 10: Blick auf die Finnen der Ariane 1

Die zweite Stufe L33

Die zweite Stufe „L33" verwendete ein Triebwerk vom Typ Viking-4. Dieses war eine für den Betrieb im Vakuum optimierte Variante des Erststufentriebwerks Viking-5. Es hatte eine längere Düse, um im Vakuum einen höheren Schub und einen höheren spezifischen Impuls zu erreichen und befand sich in einem Schubgerüst, welches auch die Pumpen, Turbinen und den Gasgenerator aufnahm. Das Triebwerk war um vier Grad schwenkbar. Die Kontrolle um die Rollachse erfolgte mit zwei kleinen Triebwerken von 50 N Schub, welche das Abgas des Gasgenerators nutzten.

Der Triebwerksrahmen war mit 240 Schrauben am Tank befestigt. Zu ihm führten Rohrleitungen von 5 bis 16 cm Durchmesser. Bei der zweiten Stufe wurden alle Rohrleitungen durch die Tanks geführt, während sie sich bei der ersten Stufe an der Außenseite befanden.

Die Treibstoffe UDMH und NTO wurden in einen Tank aus Aluminium AZ-5G mit einem gemeinsamen Zwischenboden gelagert. Die Druckbeaufschlagung erfolgte hier mit Helium, da das verwendete Aluminium den Kontakt mit den heißen Turbinenabgasen, die in der ersten Stufe dazu benutzt wurden, nicht vertrug. Der Tank mit einem gemeinsamen Zwischenboden war schwerer zu fertigen als die Erststufentanks, erlaubte aber eine Gewichtseinsparung von 600 kg, was zu einer Nutzlaststeigerung um 39 kg führte. Für jeden der beiden Treibstoffe stand das gleiche Volumen zur Verfügung. Die Wandstärke der Tanks lag zwischen 3,5 und 4,7 mm. Diese, je nach den zu erwartenden Belastungen, unterschiedliche Dicke erreichte man durch einen chemischen Ätzprozess. Nach Brennschluss verblieben zusammen mit dem Wasser, Helium und Treibstoff noch 210 kg Flüssigkeiten in der Stufe.

L33	
Länge:	11,60 m
Durchmesser:	2,60 m
Trockengewicht:	3.243 kg / 3.580 kg (mit Stufentrennungsraketen)
Treibstoffe:	33.100 kg + 29 kg Helium, 137 kg Treibstoff nicht nutzbar
Tank:	6,53 m lang, 900 kg, 2 x 15,6 m³ Volumen
Triebwerksgerüst:	1,55 m Höhe, 260 kg Gewicht
Haupttriebwerk:	750 / 826 kg (trocken / nass)
Heckskirt:	1,57 m Höhe, 380 kg.
Frontskirt:	1,25 m Höhe, 210 kg
Rohrleitungen:	70 kg
Wassertank	2,24 m Durchmesser, 0,34 m Dicke, 620 l Fassungsvermögen, 570 l Füllung, 62 kg Gewicht
Elektrisches System	60 kg 1,8 km Kabellänge, 167 Stecker

Das Helium kam aus vier Drucktanks am Heck der Stufe. Jeder dieser Tanks aus Glasfasergewebe hatte einen Durchmesser von 63 cm und enthielt 7,5 kg Helium unter einem Druck von 320 Bar. Über zwei Druckreduktionsventile wurde daraus ein Tankdruck von 5 Bar aufgebaut. Dieser konnte konstant gehalten werden, bis 90 s nach der Zündung das Helium verbraucht war. Danach sank der Druck bis zum Brennschluss auf 3 Bar ab. Der Druck war im oberen Stickstofftetroxid-Tank immer höher als im unteren UDMH-Tank, um ein Ausbeulen zu verhindern.

Das Heck aus Spanten-Stringerbauweise trug auch die Verstärker für die Aktoren der Stufe. Gesteuert wurde die Stufe durch den Bordcomputer in der VEB. Im Heck befanden sich die lokale Elektronik der Stufe, z.B. zur Selbstzerstörung und zum Sammeln der Daten sowie Batterien für den Betrieb. Das Telemetriesystem konnte maximal 250 Messwerte über den Bordcomputer zur Erde senden. Im Laufe der Missionen reduzierte man die Zahl der übermittelten Werte bis auf 101 Messwerte bei der Ariane 4.

Der Frontteil der zweiten Stufe umschloss das Triebwerk. An ihm war auch der ringförmige Wassertank für den Gasgenerator befestigt. Die Front trennte sich in zwei Ebenen, eine Montageebene und eine 54 cm höher liegende Abtrennebene. Die Abtrennung möglichst weit oben sparte 80 kg Gewicht ein. Strukturell verstärkt wurde das Heck mit 80 Spanten. Zwei 50 Newton Triebwerke korrigierten unerwünschte Bewegungen um die Rollachse. Die zweite Stufe war von Isolationstafeln aus 12 cm dickem Polystyrol umgeben, die ein Verdampfen des NTO (Siedepunkt bei 21 Grad Celsius) im tropischen Klima von Südamerika verhindern sollten und beim Start jeweils abgeworfen wurden. Zu diesem Zweck wurden die Spannbänder, welche sie vorher an der Außenwand fixiert hatten, durchtrennt.

Die deutsche Firma ERNO (später Bestandteil der DASA und heute von EADS) war Systemintegrator für die zweite Stufe, die bei allen 144 Starts der Ariane 1 bis 4 ohne Ausfall arbeitete. Die zweite Stufe war auch die Einzige, die im Verlauf der Entwicklung von Ariane 1 bis 4 kaum modifiziert wurde.

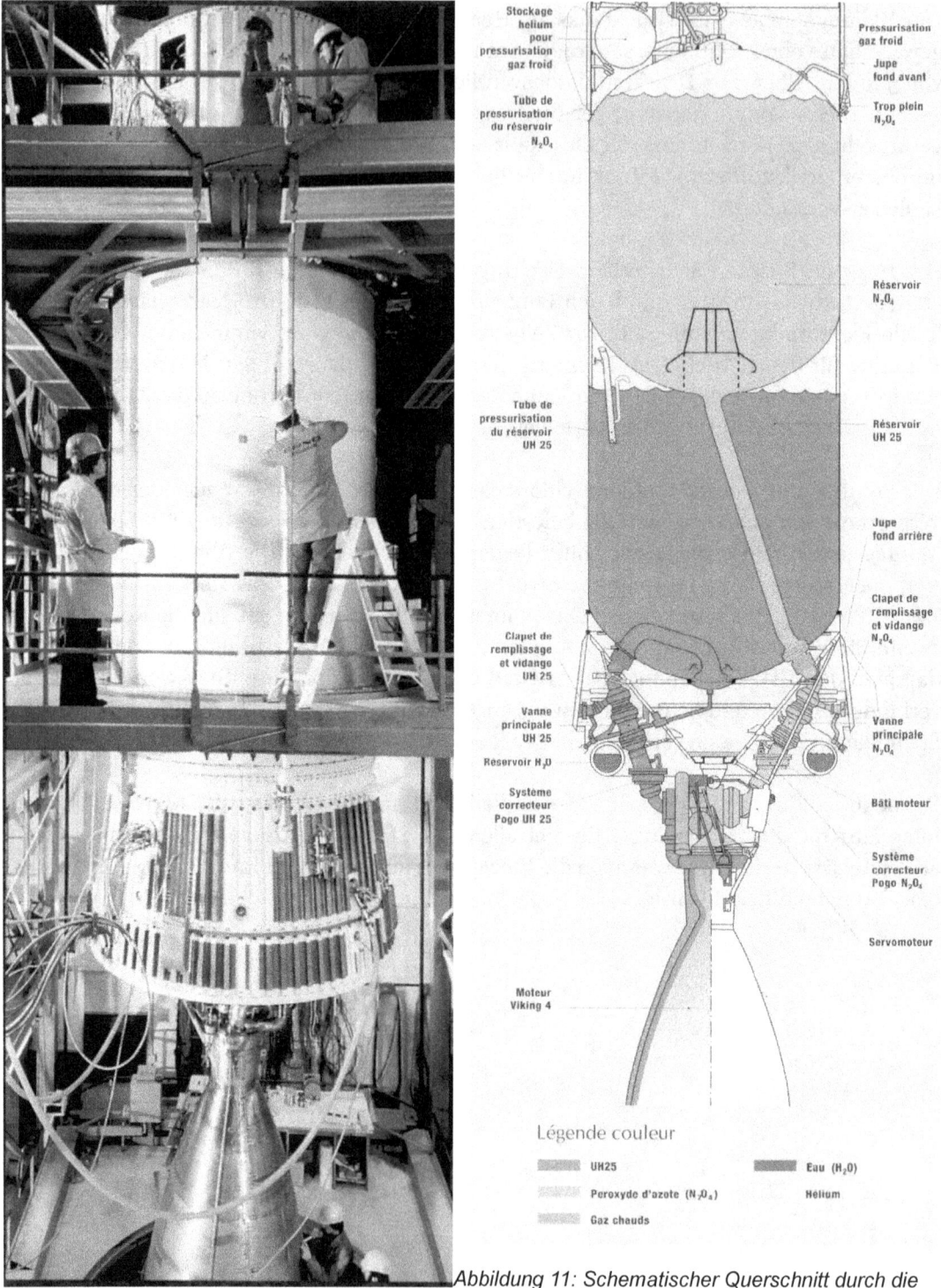

Abbildung 12: Produktion der zweiten Stufe bei ERNO in Bremen

Abbildung 11: Schematischer Querschnitt durch die L33 Stufe

Die Viking Triebwerke

Das Viking Triebwerk basierte auf den Erfahrungen mit den Triebwerken der Typen Vexin und Valois der Diamant-A und -B. Anders als diese, war es aber das erste französische Triebwerk, welches eine Turbopumpe einsetzte. Dies hatte zur Folge, dass die Tanks bei der Ariane erheblich leichtgewichtiger gefertigt werden konnten als bei der Emeraude, Améthyste und Coralie.

Der Entwurf des Viking Triebwerks wurde 1967 abgeschlossen. Zwischen 1969 und 1970 wurden die ersten Tests eines experimentellen Triebwerks mit 40 t Schub durchgeführt, welches ein direkter Vorläufer des Viking Triebwerks war. Geplant war es noch für eine Nachfolgeversion der Diamant mit 55 t Startschub. Als Frankreich die Europa-III B vorschlug, waren auch in diesem Entwurf vier Viking-1 Triebwerke mit je 55 t Schub in der ersten Stufe vorgesehen.

Die Ariane sollte von der zweiten Version, dem Viking-2, angetrieben werden. Das Viking-2 hatte einen Schub von 60 t. Die zweite Stufe der Rakete sollte das Viking-4 nutzen, eine für den Einsatz im Vakuum angepasste Version des Viking-2. Das Viking-3 war eine Testversion des Viking-4 für Tests am Boden, da die lange Expansionsdüse am Boden nicht getestet werden konnte. Im Jahr 1976 beschloss die CNES die Kegeldüse durch eine konische Düse zu ersetzen, und aus dem Viking-2 wurde das Viking-5. Die konische Düse erhöhte den spezifischen Impuls um 80 m/s und machte das Triebwerk kürzer und leichter. Das Viking-4 befand sich damals noch in der Entwicklung. Hier wurde einfach die Düse ausgewechselt, aber die Bezeichnung beibehalten.

Das Viking Triebwerk hatte einige Besonderheiten und charakteristische Konstruktionsmerkmale, die alle Triebwerke von Karl Heinz Bringer, einem deutschen Raketenspezialisten, aufwiesen. Karl Heinz Bringer konstruierte ab 1965 das französische Viking Triebwerk. Bringer war der Kopf einer Gruppe von rund 30 deutschen Raketenspezialisten, die nach der Kapitulation Deutschlands 1945 ins französische Vernon zum LRBA (**L**aboratoire de **r**echerches **b**alistiques et **a**érodynamiques = Laboratorium für ballistische und aerodynamische Forschungen) kamen. Innerhalb weniger Jahre wuchs die Gruppe auf 120 Mitarbeiter an. Dort konstruierten sie zuerst die Höhenforschungsrakete Veronique, die noch weitestgehend auf der Technologie der A-4 basierte. Später folgte der Antrieb der Höhenforschungsrakete Vesta und der Erststufen der Diamant A (Vexin), B (Valois), die Coralie und zuletzt das Viking. Das Viking war das letzte Triebwerk bei dem Karl Heinz Bringer für die Konstruktion verantwortlich war. Er ging 1973 in den Ruhestand und starb am 2. Januar 1999 im Alter von 90 Jahren in Vernon.

Das Auffälligste ist die radiale Einspritzung des Treibstoffs. Bei herkömmlichen Triebwerken sitzt der Einspritzkopf, ähnlich einem Duschkopf, am Kopf der Brennkammer. Beim Viking wurde der Treibstoff durch einen Ring im oberen Brennkammerteil eingespritzt. Dieser Ring wurde durch die nachströmenden Treibstoffe gekühlt. Insgesamt 720 Bohrungen in vier Reihen bildeten den Einspritzkopf.

Der untere Teil der Brennkammer wurde filmgekühlt. Etwa 15 Prozent des UDMH Treibstoffs strömten durch die Brennkammerwand in die Brennkammer. Sie verdampften sofort und kühlten somit die Wand. Dabei bildeten sie eine Zone an der Wand, die eine hohe Konzentration an UDMH aufwies. Es fehlte allerdings in dieser Schicht der Oxidator, der für eine vollständige Verbrennung notwendig war. Dadurch waren die Temperaturen an der Wand der Brennkammer deutlich niedriger als im Zentrum.

Dieser Film reichte bis an den Düsenhals, der aus Kobalt und einer Schicht Phenolepoxidharz bestand. Dieses Harz verkohlte und schützte so als Ablativschutz den Düsenhals. Die Düsen aus einer hochtemperaturfesten Legierung selbst wurden nicht gekühlt und erhitzten sich durch die Verbrennungsabgase auf über 1.100 Grad Celsius. Dabei wurden sie rot glühend, bis bei dieser Temperatur die abgegebene Strahlung der aufgenommenen Wärmemenge entsprach und sie sich nicht mehr weiter erhitzten.

Die Treibstoffförderung geschah durch ein System aus Gasgenerator, Turbinen und Turbopumpen. Die Kontrolle der Förderung erfolgte durch ein Regelsystem, welches den Brennkammerdruck mit einem vorgegebenen Druckverlauf verglich und danach den Durchsatz der Treibstoffe für den Gasgenerator regelte.

Doch auch hier gab es eine Besonderheit. Üblich war es, die Treibstoffe nicht im stöchiometrischen Verhältnis zu verbrennen. Wurde UDMH im Überschuss verbrannt, konnte nicht das gesamte UDMH reagieren, und die Verbrennungstemperatur lag so in einem Bereich, in dem die Turbine nicht durch die heißen Gase geschädigt wurde. Das Viking verbrannte die beiden Komponenten dagegen im stöchiometrischen Verhältnis, mischte aber Wasser dazu. Das Wasser verdampfte in der Hitze und erzeugte ein kühleres Arbeitsgas aus Wasserdampf, Kohlendioxid und Stickstoff. Der Vorteil: Das Abgas enthält kein UDMH und NTO und kann zur Druckbeaufschlagung der Tanks verwendet werden.

Pro Sekunde wurden 2,2 kg NTO und UDMH mit 4 kg Wasser vermischt. Das 650 Grad heiße Gas wurde durch Düsen auf 1200 m/s beschleunigt. Die Temperatur sank dabei auf 400 °C, und der Druck stieg von 15 auf 35 Bar. Das expandierte Gas prallte dann auf die Schaufeln der Turbinen. Diese Turbine trieb über einer Welle zwei Turbopumpen an, jeweils eine für den Oxidator und eine für den Verbrennungsträger. Die Turbopumpen förderten Wasser, UDMH und NTO mit einem Druck von 65-69 Bar. Die Turbopumpen waren im 90-Grad-Winkel zueinander, aber 45 Grad zur Längsachse des Triebwerks angebracht, um bei Bewegungen des Triebwerks nicht senkrecht gegen die Rotationsachse einer der Pumpen arbeiten zu müssen. Etwa 90% der Abgase des Gasgenerators wurden für den Turbinenantrieb genutzt, der Rest für die Druckbeaufschlagung der Tanks.

Abbildung 13: Serienproduktion der Viking Triebwerke bei SEP

Abbildung 14: Karl Heinz Bringer neben der ersten Version des Vikings, aufgenommen 1967

Abbildung 15: Probelauf eines Viking Triebwerks

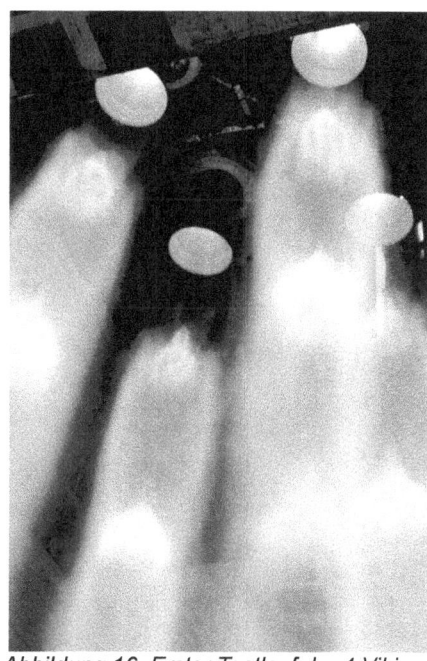

Abbildung 16: Erster Testlauf der 4 Viking V Triebwerke der ersten Stufe im November 1976

Die Viking-5 Triebwerke waren für eine Brenndauer von 185 s qualifiziert, deutlich länger als die maximal 145 s Betriebszeit der ersten Stufe. Damit sollte gewährleistet werden, dass ein ausgefallenes Triebwerk nicht die gesamte Mission gefährdete. In diesem Falle hätten die verbliebenen drei Raketenmotoren länger arbeiten müssen. Der Wechsel von UDMH zu UH25 bei den Viking-4 und -5B Versionen reduzierte das Mischungsverhältnis der beiden Treibstoffe von 1,86 auf 1,70.

Auch nach dem Flug der letzten Ariane 4, im Februar 2003 werden die Viking Triebwerke noch produziert: in Indien. Die PSLV (**P**olar **S**atellite **L**aunch **V**ehicle) arbeitet mit Vika Triebwerken, die eine Lizenzproduktion der Viking V Triebwerke der Ariane 1 sind. Die GSLV (**G**eosynchronos **S**atellite **L**aunch **V**ehicle) wird angetrieben mit Lizenznachbauten des Viking VB, den Triebwerken der Ariane 2-4.

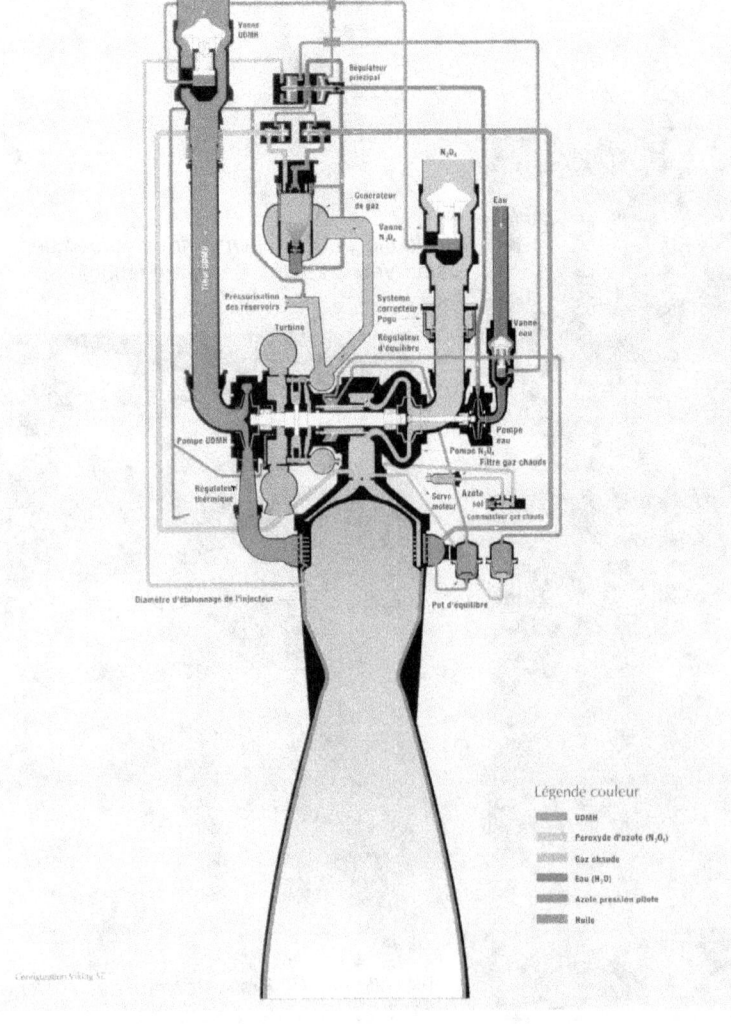

Auch einige chinesische Triebwerke und ganze Stufen weisen in ihren technischen Daten sehr große Ähnlichkeien zu den Viking Triebwerken und PAL-Boostern auf. Gerüchte über Industriespionage wurden von französischer Seite jedoch immer dementiert.

Abbildung 17: Antriebsschema Viking 5

	Viking-4	Viking-5	Viking-4B	Viking-5B	Viking-6
Brennkammerdruck [bar]	53,5	53,5	58,5	58,5	58,5
Düsenmündungsdruck [bar]	0,4	1,22	0,45	1,3	1,3
Schub [kN] (Vakuum)	720	710	808	760	752
Schub [kN] (Meereshöhe)	487,1	610	571	642,3	670,8
Davon Turbinenabgase [kN]	4	7,3	4	7,3	4
Spezifischer Impuls [m/s] (Vakuum / Meereshöhe)	2867 / 1961	2756 / 2432	2903 / 2059	2727 / 2432	2727 / 2432
Charakteristische Geschwindigkeit [m/s]	1690	1690	1690	1690	1690
Massendurchsatz [kg/s]	281,4	279	278	275,2	275,2
Davon UH25 / Hydrazin [kg/s]	88	83,3	103	101,9	101,5
Davon Stickstofftetroxid [kg/s]	164,2	155,4	175	173,3	173.7
Davon Wasser [kg/s]	4	3,7			6
Gasgenerator [kg/s]	6,2	6,2			
UH25 Filmkühlung [kg/s]	15	15			
Tankdruck [bar]	5,5	3,5	4,5 – 3,5	3,5	5,5
Gasgenerator-Brennkammerdruck [bar]	35,5	35			
Temperatur Gasgenerator [°C]	600	600	600	600	600
Temperatur Gasturbinenausgang [°C]	400	400	400	400	400
Turbinendrehzahl [U/min]	9600	9600	10000	10000	10000
Turbinenleistung [MW]	2,5	2,5	2,6	2,6	2,6
Förderleistung Wasserpumpe [kW]	50	50			
Triebwerkshöhe [m]	3,68	2,97	3,51	2,87	2,87
Durchmesser Düsenhals [m]	0,306	0,306	0,31	0,31	0,31
Durchmesser Düsenmündung [m]	0,99	1,70	1,70	0,99	0,99
Flächenverhältnis	30,86	10,49	31	11	11
Triebwerksgewicht nass / trocken [kg]	886 / 750	826 / 700	850	776	776

Die dritte Stufe H8

Die dritte Stufe H-8 verwendete die hochenergetische Treibstoffkombination Wasserstoff und Sauerstoff, welche im Gewichtsverhältnis 5,023 zu 1.0 LOX/LH2 verbrannt wurde. Zusammen mit dem Treibstoff für den Gasgenerator und die Düsenkühlung betrug das Verhältnis LOX/LH2 4,5 zu 1.

Vier kleine Feststofftriebwerke beschleunigten die dritte Stufe und sammeln den Treibstoff, bis sie ihre volle Leistung erreichte. Sie befanden sich im 2,73 m langen Heckteil, der zugleich den Stufenadapter zur zweiten Stufe bildete und am Tank befestigt war. Dann wurden die Feststofftriebwerke abgesprengt. Gleichzeitig zündeten auch an der zweiten Stufe Raketen, um diese von der dritten Stufe zu entfernen.

Der Tank selbst war durch einen gemeinsamen Zwischenboden in zwei Kammern unterteilt. Oberhalb des Tanks befand sich das 45 cm hohe Frontabteil, das die Stufe mit der VEB verband. Der Tank bestand aus der Aluminiumlegierung A-Z5G, welche auch in der zweiten Stufe eingesetzt wurde und den tiefen Temperaturen der Treibstoffe widerstehen konnte. Die Oberfläche des Tanks war außen mit Klegecell bedeckt, einem PVC Schaum mit einer guten Isolationswirkung. Seine Dichte betrug zwischen 0,048 und 0,1 g/cm³. Er isolierte auch bei tiefen Temperaturen von bis zu -200°C, blieb aber auch noch bei +80°C stabil.

Der Raum zwischen dem oben liegenden Wasserstofftank und dem darunter liegenden Sauerstofftank wurde evakuiert und besonders isoliert, um ein Ausfrieren des Sauerstoffs zu Eis zu verhindern. Dieser Zwischenraum bestand aus einem Doppelboden in Honigwaben-Bauweise.

Die Druckbeaufschlagung erfolgte beim Wasserstofftank mit gasförmigem Wasserstoff und beim Sauerstofftank mit Helium. Am Schubgerüst waren zu diesem Zweck zwei Heliumflaschen mit einem Anfangsdruck von 200 Bar angebracht. Der gasförmige Wasserstoff mit einer Temperatur von 140 K wurde aus dem Wasserstoffstrom für die Brennkammerkühlung abgezweigt.

Die gesamte Stufe war von einer 2 cm dicken Isolationsschicht umgeben. Die H-8 wurde bis fünf Sekunden vor dem Start mit Treibstoff befüllt, da laufend kleine Mengen verdampften. Das Einfüllen erfolgte von unten, um eine Schichtung unterschiedlicher Wärmegrade zu verhindern.

Der Druck in den Tanks betrug 3 bis 5 Bar beim Wasserstofftank und 2 bis 5 Bar beim Sauerstofftank. Der Wasserstoff lag im Überschuss vor, d.h. der 16-mal schwerere Sauerstoff war vor dem Wasserstoff aufgebraucht.

Das Triebwerk war in zwei Achsen schwenkbar. Rollbewegungen wurden durch sechs seitlich angebrachte Düsen bewerkstelligt, die Wasserstoff ausstießen. Sie hatten einen Schub von 40 N. Sie waren auch zuständig für die Ausrichtung der Stufe im Raum nach dem Brennschluss und für die genaue Ausrichtung der Satelliten. Sie waren nach Brennschluss der H-8 in der Lage, die Stufe mit der Nutzlast in eine langsame Rotation von 10 U/min zu versetzen.

H-8	
Länge:	8,88 m
Durchmesser:	2,60 m
Trockengewicht:	1.157 kg 1.310 kg (bei der Zündung)
Treibstoffe:	max. 8.245 kg 6.691 kg LOX 1.554 kg LH2 67 kg nicht nutzbar
Tank:	5,79 m Länge 2,60 m Durchmesser
Mischungsverhältnis:	4,43 zu 1 (LOX / LH2)
Frontskirt:	0,308 m Höhe
Heckskirt:	0,112 m Höhe
Triebwerksrahmen:	1.105 m zylindrischer und 0,420 m konischer Teil
Stufenadapter:	2,73 m Höhe 265 kg

Abbildung 18: Die H-8 Stufe in der Produktion

Das HM-7 Triebwerk

Schon während seiner Entwicklung wurde das Triebwerk HM-7 laufend verbessert. Sein Schub erhöhte sich von 60 auf 61,7 kN und der spezifische Impuls von 4225 auf 4315 m/s. Manchmal wurden auch das Triebwerk der Ariane 1 als HM-7A und die ersten Entwicklungsmuster als HM-7 bezeichnet. Während der ersten Testflüge zeigte sich, dass die Leistung sogar noch etwas höher war, und so die Nutzlast 75 kg höher als bei den optimistischen Erwartungen lag.

Der Treibstoff trat über einen Einspritzkopf von 180 mm Durchmesser mit 90 Bohrungen in fünf konzentrischen Kreisen in die Brennkammer ein. Die Bohrungen führten zum Vermischen des Treibstoffs und zu einer gleichmäßigen Verbrennung. Der Einspritzkopf und die Frontplatte bestanden aus einem porösen Material und wurden mit 7% der Wasserstoffmenge filmgekühlt.

Der restliche Wasserstoff kühlte die Brennkammerwand durch Regenerativkühlung. Er strömte mit 200 m/s durch 128 Kanäle um die Brennkammer herum und erwärmte sich dabei um 110 Grad Celsius. Er kühlte die Brennkammer so auf 550 K. Teile dieses gasförmigen Wasserstoffs wurden für die Aufrechterhaltung des Drucks im Wasserstofftank eingesetzt.

Die Brennkammer bestand aus Kupfer mit einer Nickelstruktur von 2,5 mm Dicke. Diese galvanisch aufgetragene Nickelschicht war eine der technischen Herausforderung bei der Herstellung der Brennkammer. Das Verfahren zur Kühlung wurde von MBB entwickelt, welche daraufhin von SEP den Auftrag für die Entwicklung des Triebwerks erhielt.

Die Düse bestand aus 242 einzelnen, quadratischen Hohlprofilen mit einem Querschnitt von 4 x 4 mm Seitenlänge. Diese Elemente aus Inconel 600 wurden spiralförmig aneinander geschweißt. Inconel 600 ist der Name einer Legierung aus 72% Nickel, 14 bis 17% Chrom und 7 bis 10% Eisen. Sie ist korrosionsbeständig und vor allem temperaturfest bis 1.095 °C. Die Kühlung der Düse erfolgte mit 150 g Wasserstoff/Sekunde. Die Temperatur erreichte so maximal 1.080 K am Düsenhals. Während der Wasserstoff zur Brennkammerkühlung mit dem restlichen Wasserstoff verbrannt wurde, trat der Wasserstoff zur Düsenkühlung an deren Ende durch 726 kleine Düsen aus. Dies erzeugte einen kleinen zusätzlichen Schub von 0,15 kN.

Das HM-7 war nur einmal mittels einer Feststoffkartusche zündbar. Die Verbrennung des Feststoffs erzeugte ein Arbeitsgas. Dieses brachte die Sauerstoffturbine innerhalb einer Sekunde auf die halbe nominelle Drehzahl und startete damit die Treibstoffförderung. Der Gasgenerator verbrannte den Wasserstoff im Überschuss. Die 880 K heißen Gase des Gasgenerators trieben dann die Turbinen an.

Die nur 30 kg schwere Turbopumpe erhöhte den Förderdruck von 2 bis 5 Bar auf 30 Bar. Die Sauerstoff- und die Wasserstoffpumpe saßen an einem Turbinenschaft, wobei ein Getriebe die Drehzahl für die Sauerstoffpumpe reduzierte. Geschmiert wurden die beweglichen Teile mit Wasserstoff und Tributylphosphat. In der Brennkammer wurden dann die beiden Komponenten durch ein Feststofftriebwerk mit 3,5 s Brennzeit gezündet. Der Schub baute sich über zehn Sekunden auf und wurde anschließend durch Regelung der Turbopumpendrehzahl konstant gehalten.

Das HM-7 war das weltweit dritte im Weltraum eingesetzte Triebwerk, welches kryogene Treibstoffe nutzte. Vorher hatte dies nur die NASA mit den Triebwerken RL-10 (Centaur) und J-1 (Saturn) geschafft.

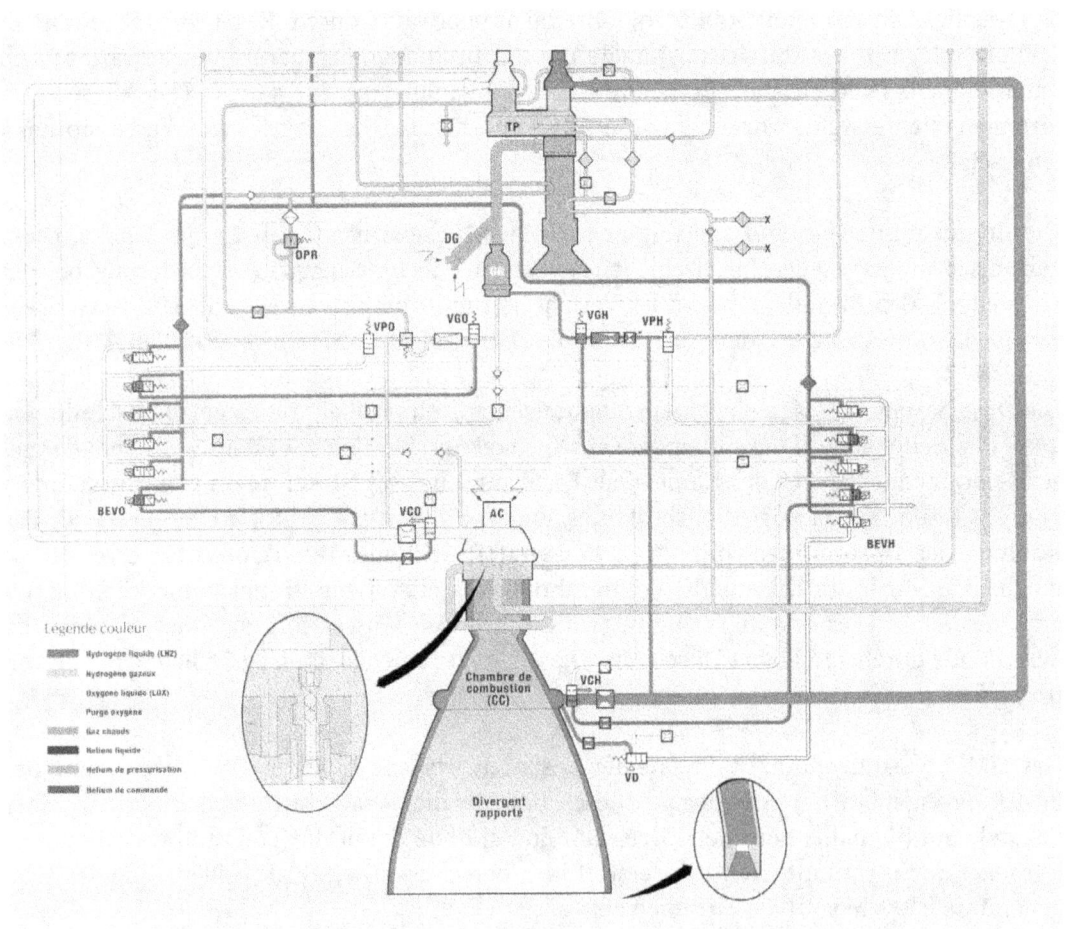

Abbildung 19: Funktionsschema HM-7

Allerdings musste auch Arianespace Erfahrungen mit Fehlschlägen sammeln. Von den sieben Fehlstarts der Ariane 1 bis 4 gingen fünf auf Probleme mit dem HM-7A/B Triebwerk zurück. Ähnliche Rückschläge mussten auch die Amerikaner bei der Centaur Oberstufe hinnehmen. Nach anfänglichen Problemen erwies sich das HM-7 dann aber als ein sehr zuverlässiges Triebwerk, und es wird heute noch in der Oberstufe ESC-A der Ariane 5 eingesetzt. Seit dem letzten Fehlstart (V70 im Jahre 1994) gab es während nahezu 100 Flügen keinerlei Probleme mehr.

HM 7	
Schub:	61,7 kN
Spezifischer Impuls:	4315 m/s
Brennkammerdruck:	30 Bar
Mischungsverhältnis:	5,02 zu 1 (LOX / LH2)
Leistung:	152 MW
Treibstoffverbrauch:	14,4 kg/s
Länge:	1,71 m
Max. Durchmesser:	0,94 m
Gewicht:	140 kg Triebwerk, 70 kg Brennkammer
Gasgenerator: Mischungsverhältnis:	0,26 kg Treibstoff/s 0,9 zu 1 (LOX/LH2)
Leistung Turbopumpe:	400 kW
Drehzahl:	60.000 U/min LH2, 12.000 U/min LOX
Expansionsverhältnis:	62,5 zu 1

© Eric Forterre - Snecma
Abbildung 20: HM-7B Triebwerk © des Fotos SNECMA / Eric Forterre

Nutzlastverkleidung und Sylda

Die Weitsicht bei der Entwicklung der Ariane zeigte sich besonders bei der Nutzlastverkleidung und dem Sylda-System für Doppelstarts.

Ariane sollte zwei Satelliten gleichzeitig transportieren können und setzte daher eine für die damalige Zeit große Nutzlastverkleidung ein. Diese war dafür ausgelegt, zwei Intelsat-IV Satelliten auf einmal zu transportieren. Die ersten Versionen wurden noch in Frankreich gebaut, spätere Versionen dann von der Schweizer Firma Contraves.

Das Volumen der Nutzlastverkleidung von 50 m³ war erheblich größer als der zur Verfügung stehende Raum bei einer Atlas-Centaur, und von diesem Volumen waren 35 m³ im zylindrischen Teil nutzbar.

Die Nutzlastverkleidung bestand aus einem oberen Teil aus Aluminium in Stringer-Bauweise. Dieser Teil musste der Reibungshitze beim Aufstieg trotzen. Der untere Teil war zur Gewichtsersparnis aus kohlefaserverstärktem Kunststoff gefertigt. Dadurch ließ er auch einen Funkkontakt mit der Nutzlast zu. Eine vollständig aus Aluminium bestehende Verkleidung hätte die Funksignale blockiert.

Die Verkleidung wurde in 110 km Höhe abgeworfen, wenn die Reibungshitze einen Wert von 1.135 W/m² unterschritt. Dazu wurde ein Ballon zwischen den beiden Hälften pyrotechnisch aufgeblasen. Er drückte die beiden Hälften der Nutzlastverkleidung auseinander und legte damit die Nutzlast frei. Nominell war dies 246 s nach dem Abheben der Fall.

Die große Nutzlastverkleidung erlaubte die Mitführung eine Struktur, die von der ESA „Sylda" (**Sy**stème de **l**ancement **d**ouble) genannt wurde. Es handelte sich um ein kokonähnliches Bauteil innerhalb der Nutzlastverkleidung, welches einen kleineren Satelliten der Delta-Klasse umhüllte. Die Sylda war zweiteilig. Der obere Deckel nahm den zweiten Satelliten auf. Nach dessen Abtrennung wurde der untere Satellit freigesetzt und danach die Stufe von der Nutzlast entfernt. Der Treibstoff dafür war Wasserstoffkaltgas, welches die Lagekontrolltriebwerke der dritten Stufe antrieb.

Für die damals noch üblichen spinstabilisierten Satelliten konnte die Nutzlast vor dem Absetzen in eine Rotation mit fünf Umdrehungen pro Minute versetzt werden. Innerhalb der Sylda stand für den unteren Satelliten ein Volumen von 12 m³ zur Verfügung. Der obere Satellit konnte aber größer sein. Dieses System wurde zusammen mit der Nutzlast in den Orbit befördert, was somit die Nettonutzlast entsprechend verkleinerte.

Die erste Version der Sylda war ausgelegt für Satelliten mit einem Gewicht von 600 bis maximal 1.200 kg. Sie wurde erst relativ spät entwickelt. Im Juli 1978, als Ariane 1 schon kurz vor dem Erstflug stand, bekam Aérospatiale den Entwicklungsauftrag über 19 Millionen Franc (7 Millionen DM).

Die Sylda bestand aus einem Kern aus Verbundwerkstoffen in Honigwaben-Bauweise mit einem Carbonfaserüberzug. Damit konnte im Vergleich mit anderen Werkstoffen Gewicht eingespart werden. An ihrer Oberseite war ein Standard Nutzlastadapter angebracht. Die Unterseite wurde fest mit der VEB verbunden. Auch diese Maßnahme sparte Gewicht ein, denn ein zweiter Nutzlastadapter konnte entfallen. Dieser wog normalerweise 45 kg. Die Nutzlast wurde so beim Einsatz der Sylda effektiv nur um 140 kg verringert.

Die Fähigkeit zur Durchführung von Doppelstarts erwies sich als der Erfolgsfaktor für Ariane. Keine andere Trägerrakete konnte dies zu dieser Zeit. Die Sylda wurde mit der Ariane 1 bei L05 und L06 eingesetzt.

Nutzlastverkleidung	
Höhe:	8,65 m
Max. Durchmesser:	3,20 m
Volumen:	50 m³
Gewicht:	826 kg
Sylda	
Höhe:	3,40 m
Max. Durchmesser:	2,90 m
Volumen:	12 m³
Gewicht:	185 kg
VEB	
Höhe:	1,10 m
Basisdurchmesser:	2,60 m
Max. Durchmesser:	3,20 m
Gewicht:	319 kg

Abbildung 21: Montage der VEB

Abbildung 22: Die beiden Hälften der Nutzlastverkleidung umhüllen den schwarzen Kokon einer Sylda

Abbildung 23: Die VEB der Ariane 1 wird auf die H-8 befestigt.

VEB

Die VEB (Vehicle Equipment Bay) befand sich zwischen der dritten Stufe und der Nutzlastverkleidung. Sie enthielt den Bordcomputer, ein mechanisches Inertialsystem zur Navigation, Sender und Empfänger für die Kommunikation und Telemetrie sowie Batterien.

Der OBC (On Board Computer) von Ariane 1 war ein 16-Bit-Rechner mit 20 KByte Speicher. Der Computer wog 6 kg. Obgleich es niemals Probleme beim Einsatz gab, galt der Bordcomputer der Ariane 1 als sehr empfindlich. Schon ein metallener Schraubenzieher in der Nähe konnte seine Funktion stören.

Die Software arbeitete nach dem „Round Robin" Prinzip. Die einzelnen Tasks wurden in Zeitscheiben abgearbeitet. Die Navigationsdaten wurden beispielsweise alle 20 ms neu berechnet.

Der Bordcomputer wurde von Saab entwickelt und gebaut, die Software stammte von Marconi. Die Entwicklungsaufwendungen betrugen 970.000 Pfund für die Hardware und 500.000 Pfund für die Software.

Der OBC steuerte die erste Stufe nach einem festen Schema. Die Stufentrennung von erster und zweiter Stufe fand beim Erreichen einer bestimmten Geschwindigkeit statt, die Stufe wurde also nicht bis zum Entleeren der Tanks betrieben. Die zweite Stufe wurde vor dem Start mit einer bestimmten Treibstoffmenge betankt, die durch die geplante Flugbahn bestimmt war. Danach wurde sie betrieben, bis ihr Treibstoff verbraucht war. Erst bei der dritten Stufe flog der Computer ein adaptives Flugprofil. Dabei hatte der Computer Sollpunkte gespeichert, die er ansteuerte. Wich die Flugbahn vom vorgegebenen Kurs ab, versuchte er gegenzusteuern. Beim Erreichen der Zielgeschwindigkeit an einem vorgegebenen Ort schaltete der Computer automatisch das Drittstufentriebwerk ab.

Das mechanische Inertialsystem bestand aus drei Kreiseln, die senkrecht zueinanderstanden und so als Referenzsysteme für jede Raumachse dienten. Jeder rotierte mit 90.000 U/min. Bewegt sich die Rakete, so wirken Kräfte auf die Kreisel und führen zu einer Änderung der Rotationsachse. Da jeder Kreisel seine Rotationsachse im Raum stabil halten will, resultiert daraus ein messbares Drehmoment. Damit kannte der Computer die Beschleunigung in den drei Achsen des Raumes und über deren Integration die Geschwindigkeit und den zurückgelegten Weg. Die Kreisel mit eigener Elektronik wurden von Ferranti entwickelt.

Die Telemetrie mit 1.200 Messwerten wurde mit 240 KBit/s an die Bodenstationen übertragen. Dies geschah durch eine Pulscode-Modulation. Neben dem Telemetriesender gab es noch einen Bahnverfolgungssender und einen Empfänger für das kodierte Selbstzerstörungskommando.

Startprofil

Die Dauer einer Startkampagne bei der Ariane 1 dauerte 33 Arbeitstage, also nahezu sieben Wochen. Der Countdown begann zwar 28 Stunden vor dem Start, doch erst sechs Stunden vor dem Abheben wurden begonnen, die Rakete zu betanken und den Montageturm zurückzufahren. Damit startete die heiße Phase des Countdowns. Eine zeitliche Zusammenstellung dieser Ereignisse findet sich auf Seite 80.

Die Tanks der ersten beiden Stufen wurden zuerst betankt. Das Betanken dauerte jeweils eine Stunde. Zuerst wurde das NTO in beide Stufen gefüllt, und nach drei Stunden Pause kam dann das UDMH in die Tanks. Diese zeitliche Trennung erlaubte es, Leckagen zu erkennen und verhinderte damit eine Selbstentzündung der beiden Stoffe.

Die Temperatur der Treibstoffe betrug 15 Grad Celsius, um die Tanks besser füllen zu können. Der Oxidator verdampft aber schon bei 21 Grad Celsius. Verzögerte sich ein Start über 24 Stunden, mussten die Stufen wieder entleert werden. Der Tank der zweiten Stufe wurde zusätzlich von rechteckigen Isolationselementen umgeben, um eine zu starke Erwärmung vor dem Start zu vermeiden. Beim Start wurden deren Haltebänder durchtrennt, und die Tafeln flogen von der Rakete weg.

Die Treibstoffmasse in der ersten Stufe war so groß, dass sie sich während einiger Stunden kaum erwärmte und eine zusätzliche Isolierung unnötig machte. Die dritte Stufe war ebenfalls isoliert, doch diese Isolation blieb wegen der Erwärmung durch die Reibungshitze der Atmosphäre mit der Stufe verbunden. Diese Stufe wurde erst 200 Minuten vor dem Abheben als letzte Stufe betankt. Zu diesem Zeitpunkt standen die beiden anderen Stufen schon unter Flugdruck. Das Betanken der Rakete war 65 min vor dem Abheben beendet. Danach wurde nur die Füllung der dritten Stufe noch konstant gehalten, bis nur vier Sekunden vor dem Start die Betankungsarme zurückgezogen wurden.

Die zweite Stufe hatte einen Sonderstatus. Sie wurde von Technikern in Schutzanzügen manuell und missionsspezifisch betankt. Dazu füllte man beide Tanks, bis der Treibstoff die Überläufe spülte. Danach wurde so viel Treibstoff abgelassen, bis die Gesamtmenge für die Mission erreicht war.

Eine Änderung der Denkart im Vergleich zur Europa-II war, dass man nun die Rakete als ein Gesamtsystem ansah. Bei der Europa hatte es noch Teams gegeben, welche jeweils für eine Stufe verantwortlich gewesen waren.

Sechs Minuten vor dem Start begann die „Synchronized Sequence". Ab diesem Zeitpunkt übernahmen zwei Minicomputer mit der Bezeichnung K1 und K2 die Checks und den weiteren Countdown. K1 war verantwortlich für das Betanken und für alle Flüssigkeiten und Gase. Er zog permanent Treibstoff aus dem oberen Teil der dritten Stufe ab (hohe

Temperatur) und füllte frischen unten wieder nach (niedrige Temperatur). K1 achtete auf die Drücke in den Tanks, betätigte die entsprechenden Ventile und zog zum Schluss die Versorgungsarme zurück.

Der zweite Computer K2 war für die Elektronik und das elektrische System zuständig. Er kontrollierte die Spannungs- und Stromwerte, erwärmte die Batterien und lud die Programme in den Bordrechner.

Beide Rechner K1 und K2 wurden durch einen dritten Verwaltungsrechner mit der Bezeichnung APL kontrolliert. Er prüfte regelmäßig, ob K1 und K2 an denselben Punkten im Countdown-Plan arbeiteten.

Eine Minute vor dem Start wurden die Systeme nach und nach von der Bodenkontrolle getrennt, und die Ariane gelangte in einen autonomen Status. Neun Sekunden vor dem Ende des Countdowns übernahm der OBC die Kontrolle über die Ariane 1, und die Inertialplattform wurde gestartet.

Nach dem Zünden der Triebwerke konnte nun nur noch ein zu geringer Schub in einem der Triebwerke das Abheben verhindern. In diesem Fall schaltete der Bordcomputer der Ariane die Triebwerke wieder ab. Dies geschah zweimal bei L01 (1979) und bei V33 im Jahre 1989.

Nach dem Abheben wurde die Ariane optisch von Teleskopen auf der Teufelsinsel verfolgt. Die Teufelsinsel, bekannt durch den Roman „Papillon", liegt nur 15 km vom Startkomplex entfernt. Wichtig war die Abdeckung der gesamten Aufstiegsbahn durch Telemetrie-Empfangsstationen und Radar-Verfolgungsstationen.

Die erste Station war Galliot auf „Montagne des Pères", einem erloschenen Vulkankegel, 20 km von Kourou entfernt. Es folgten Montabo nahe Cayenne, Natal in Brasilien und zuletzt Ascension Island. Dazu kam eine mobile Empfangsstation bei Belem in Brasilien. Die Stationen Galliot, Natal und Ascension Island verfolgten die Rakete auch per Radar, wobei die Daten auf einem Plotter und einem Bildschirm im Kontrollzentrum ausgegeben wurden. Dazu waren diese Stationen mit 10 m großen Antennen ausgerüstet.

Die Telemetriestationen dagegen kamen mit deutlich kleineren Empfangsantennen aus. Eine zentrale Rolle spielte Galliot. Über diese Station verliefen alle Datenstränge zum Kontrollzentrum, wobei die Daten ab Natal über einen Intelsat IV Satelliten gesendet wurden. Die Daten konnten aber nur teilweise in Echtzeit ausgewertet werden. Der Großteil wurde auf Magnetband gespeichert und erst nach dem Start auf Auffälligkeiten kontrolliert.

145 s nach dem Start erreichte die Rakete eine Höhe von 57 km, und die erste Stufe wurde bei einer Geschwindigkeit von 6732 km/h abgetrennt. Signal für die Stufentrennung war ein Rückgang des Schubs auf 50% des Startwerts. Nach einer Wartezeit von drei Sekunden, um

den Restschub abklingen zu lassen, erfolgte die Stufentrennung. Die Triebwerke im Stufenadapter drückten die erste Stufe nach unten weg. Zwei Sekunden später zündeten die Kaltgastriebwerke in der zweiten Stufe für acht Sekunden, um durch die Beschleunigung den Treibstoff am Boden der Tanks zu sammeln. Danach wurden diese Triebwerke abgeworfen. 152 s nach dem Start zündete die zweite Stufe. Ein Zeitgeber löste 30 s nach der Stufentrennung die pyrotechnische Durchtrennung der Tankwände der Unterstufe aus. Damit wurde sichergestellt, dass die Stufe nach ihrem Absturz im Meer versank und keine Gefahr für die Schifffahrt darstellte.

Mit der Zündung der zweiten Stufe begann die aktive Kontrolle des Fluges durch den Bordcomputer. Während des Betriebs der ersten Stufe flog die Ariane nach einem vorgegebenen Flugprofil, um die dichte Atmosphäre möglichst rasch hinter sich zu lassen. Der OBC steuerte die Ariane bis dahin von einem zum nächsten vorgegebenen Fixpunkt. Jetzt wurde fünfmal pro Sekunde die optimale Bahn berechnet. Grundlage dafür waren die vorliegenden Daten über Geschwindigkeit, Höhe, Entfernung und Beschleunigung.

Drei Minuten und vierzig Sekunden nach dem Start begann der OBC mit den Prüfungen zur Abtrennung der Nutzlasthülle. Dazu wurde der dynamische Widerstand berechnet. Sobald dieser einen vorgegebenen Wert unterschritt, erfolgte die Abtrennung der Verkleidung. Nominell sollte dies 246 s nach dem Start in einer Höhe von 110 km der Fall sein. Die Abtrennung fand bei einer Geschwindigkeit von 12.420 km/h statt. Die zweite Stufe hatte ihre Arbeit nach T + 292 s beendet und wurde in einer Höhe von 138 km und einer Geschwindigkeit von 17.194 km/h abgetrennt. Anders als bei der ersten Stufe fand die Trennung nicht statt, wenn der Treibstoff aufgebraucht war, sondern nach Erreichen einer bestimmten Geschwindigkeit.

Zuerst zündeten Feststofftriebwerke in der zweiten Stufe, um sie von der dritten Stufe wegzuziehen. Danach zündeten die Triebwerke der Oberstufe zum Sammeln des Treibstoffs am Boden der Tanks. Sie brannten ganze zehn Sekunden lang, um dem langsam hochlaufenden Triebwerk genügend Zeit zu geben, den Nominalschub zu entwickeln. (Bei den Starts V15 und V18 gelang dieses Manöver nicht). Zwölf Sekunden nach der erfolgten Stufentrennung zündete die dritte Stufe. Auch bei der zweiten Stufe lief nach der Abtrennung ein Zeitgeber, der nach 30 s die Tankzwischenwand durchtrennte und damit den Resttreibstoff zur Explosion brachte.

Dann begann der Betrieb der dritten Stufe. Das Triebwerk arbeitete bis zu 563 s lang. Die beiden unteren Stufen brachten die Rakete bis auf 220 km Höhe in rund 2.200 km Entfernung vom Startort. Da das Triebwerk der oberen Stufe etwa 6 t Schub aufbrachte, aber die dritte Stufe mit ihrer Nutzlast bis zu 12 t wog, war der Schub nach der Zündung zunächst geringer als die Erdbeschleunigung. Deshalb sank die Bahnhöhe auf 190 km in 3.200 km Entfernung vom Startort. Danach waren die Tanks so weit geleert, dass der Schub größer als die Erdanziehungskraft wurde. Die Stufe stieg erneut bis auf 212 km Höhe, um dann in

4.000 km Entfernung vom Startort die Orbitalgeschwindigkeit von 35.122 km/s zu erreichen.

Ein Großteil dieser Strecke wurde direkt über dem Äquator zurückgelegt. Dadurch konnte die geostationäre Transferbahn direkt erreicht werden. Starts von Cape Canaveral aus erfordern dagegen zwei Brennzeiten. Die Erste zum Erreichen einer kreisförmigen niedrigen Erdbahn und die Zweite am Äquator zum Erweitern der Bahn zum GTO-Orbit. Das vereinfachte den Entwurf der H-8, da das HM-7 Triebwerk nicht wiederzündbar sein musste.

Während des Aufstiegs ließ der OBC die Rakete rollen, damit mindestens eine von zwei Sendeantennen zur Empfangsstation ausgerichtet war. Die brasilianische Empfangsstation Natal übernahm 375 s nach dem Start den Empfang der Daten und die Radarverfolgung. Es folgte die NASA-Empfangsstation auf Ascension Island, mitten im Atlantik gelegen, und eine französische Empfangsstation bei Akakro an der Elfenbeinküste.

Erstmals profitierten die Kunden auch von einem besonderen Service. Statt den Satelliten einfach so im Raum auszusetzen, wurde mit dem restlichen Wasserstoff durch die Kaltgasdüsen die Stufe so ausgerichtet, dass die Telemetrieantennen zu den Empfangsstationen und die Solarzellen des Satelliten zur Sonne ausgerichtet waren. Bei spinstabilisierten Satelliten konnte die Stufe vor dem Abtrennen in eine Rotation von bis zu 10 U/min versetzt werden. Damit die Solarpaneele während des größten Teils der ersten Orbits von der Sonne beschienen werden, startet die Ariane auch meistens nachts kurz nach Sonnenuntergang in Kourou. Beim Einsatz der Sylda wiederholte sich dieser Vorgang für den zweiten Satelliten, wobei zuerst die Rotation wieder abgebaut wurde. Ariane war der erste Träger, der eine genaue räumliche Ausrichtung der Nutzlast und gleichzeitig auch eine Spinstabilisierung ermöglichte.

Ein Passivieren der Stufe gab es bei der Ariane 1 noch nicht. Darunter wird das Ablassen des Resttreibstoffs und der Druckgase verstanden. Diese Technik wurde erst bei den späteren Ariane Modellen eingeführt. So explodierte am 13.11.1986 die H-8 Oberstufe, welche den französischen SPOT-1 Satelliten am 22.2.1986 ins All transportiert hatte, als der Resttreibstoff die Tanks bersten ließ. Ein Stück der Trümmerwolke, die seitdem zwischen 400 und 1.350 km Höhe die Erde umkreiste, traf im Juli 1996 den französischen Militärsatelliten CERISE. Dieser war am 7.7.1995 zusammen mit HELIOS 1 auf einer Ariane 4 gestartet worden. Der Zusammenstoß zerstörte einen Solarzellen-Ausleger, sodass der Satellit nur noch eingeschränkt funktionsfähig war. Der Vorfall kam als „erstes offizielles Weltraummüll-Opfer" sogar in die Hauptnachrichten.

Typenblatt Ariane 1

Länge:	47,40 m
maximaler Durchmesser:	3,80 m
Startgewicht:	207.000 kg
Einsatzzeitraum:	1979 – 1986
Starts:	11
Fehlstarts:	2
Zuverlässigkeit:	81,8 %
Nutzlast:	4.800 kg (in einen 200 km hohen Orbit)
	2.500 (in einen 840 km hohen sonnensynchronen Orbit)
	1.850 kg (in einen GTO-Orbit)
	817 kg (zum Mars)

Stufe 1 L140

Länge:	18,40 m
Durchmesser:	3,80 m
Startgewicht:	160.900 kg
Leergewicht:	13.270 kg
Triebwerk:	4 Triebwerke Viking-2
Schub:	4 x 610 kN (Meereshöhe)
	4 x 710 kN (Vakuum)
Brenndauer:	145 s
Treibstoff:	NTO / UDMH
Spezifischer Impuls:	2432 m/s (Meereshöhe), 2756 m/s (Vakuum)

Stufe 2 L33

Länge:	11,60 m
Durchmesser:	2,60 m
Startgewicht:	37.420 kg
Trockengewicht:	3.580 kg
Triebwerk:	1 x Viking-5
Schub:	713 kN (Vakuum)
Brenndauer:	132 s
Treibstoff:	NTO / UDMH
Spezifischer Impuls:	2879 m/s

Stufe 3 H8

Länge:	8,88 m
Durchmesser:	2,60 m
Startgewicht:	9.387 kg
Leergewicht:	1.224 kg
Trockengewicht:	1.157 kg
Triebwerke:	1 x HM-7
Schub:	61.7 kN (Vakuum)
Brenndauer:	563 s
Treibstoff:	LOX / LH2
Spezifischer Impuls (Vakuum)	4315 m/s

VEB	
Länge:	1,15 m
Durchmesser:	2,60 m
Gewicht:	319 kg
Nutzlasthülle	
Länge:	8,65 m
Durchmesser:	3,20 m
Gewicht:	826 kg
Sylda	
Volumen:	12 m³
Durchmesser:	2,90 m
Höhe:	3,40 m
Gewicht:	140 kg

Abbildung 24: Start von Giotto

Ariane 1 Starts

Erfolg	Datum	Nutzlast	Bezeichnung
√	24.12.1979	CAT	L01
—	23.05.1980	CAT + Amsat Phase 3A + Feuerrad	L02
√	19.06.1981	Meteosat F2 + Apple + CAT	L03
√	20.12.1981	Marecs A + CAT/VID	L04
—	09.09.1982	Marecs B + Sirio 2	L05
√	16.06.1983	ECS 1 + Amsat Phase 3B	L06
√	19.10.1983	INTELSAT V F7	V07
√	05.03.1984	INTELSAT V F8	V08
√	23.05.1984	Spacenet F1	V09
√	02.07.1985	Giotto	V14
√	22.02.1986	SPOT + Viking	V16

Aufstiegsbahn der Ariane 1

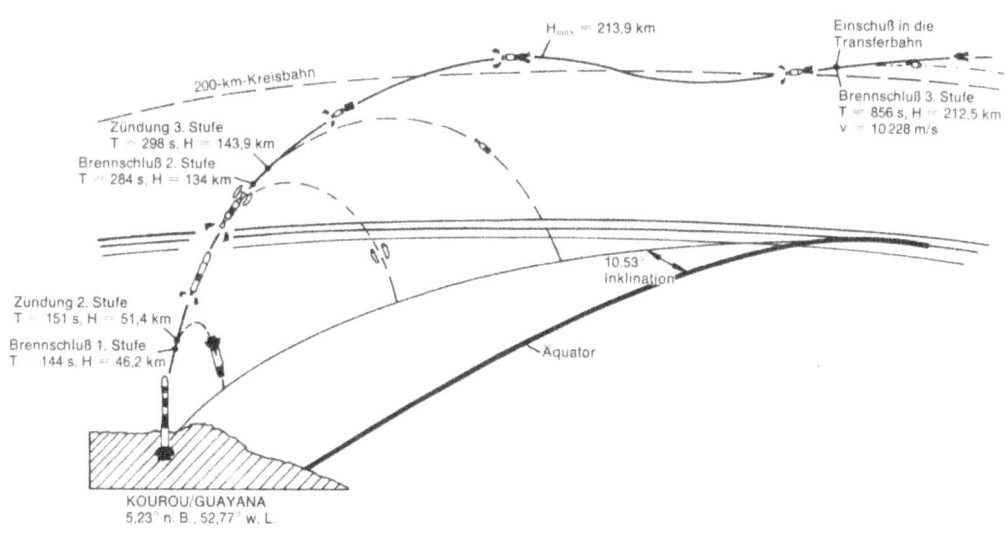

Abbildung 25: Aufstiegsbahn bei einem GTO-Start. Die Delle in der Aufstiegsbahn, bedingt durch den geringen Schub des HM-7 Triebwerks, ist charakteristisch für Ariane. Die folgenden Versionen hatten ein noch ausgeprägteres Maximum, reduzierten aber auch die Neigung zum Äquator auf 7 Grad.

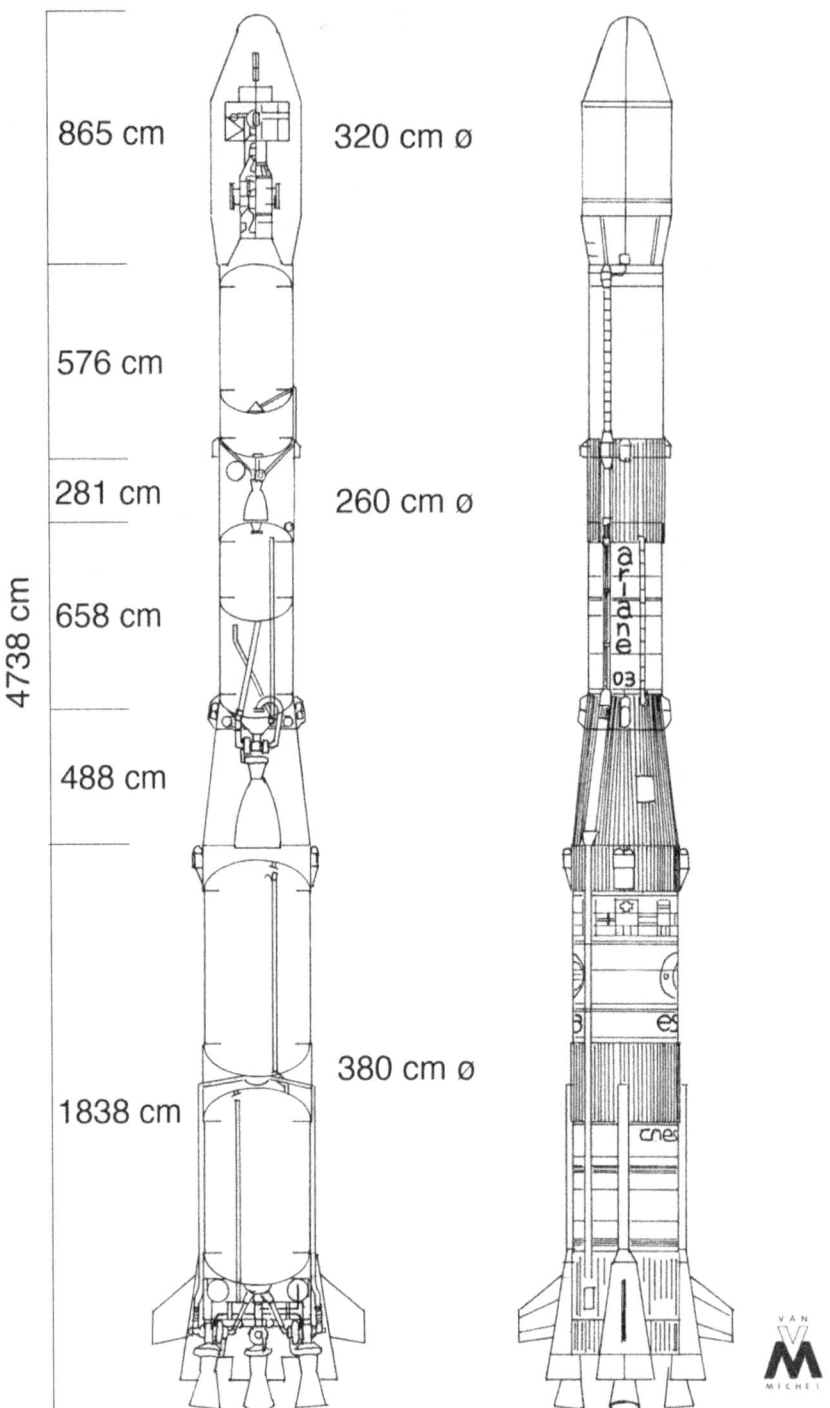

Abbildung 26: Ariane 1 im Schnitt und Außenansicht © der Grafik Michel Van

Abbildung 27: Start der letzten Ariane 1 mit dem Satelliten SPOT-1. Deutlich ist die beim Start abgesprengte Isolation der zweiten Stufe zu erkennen.

Literaturhinweise

Flight International 10.1.1976: „World's expendable Launch Vehicles"

Flight International 21.5.1977: „Ariane's Marketing begins"

Flight International, 15.7.1978: „Ariane, Space-Shuttle's rival"

Flight International 5.5.1979: „Six Ariane for ESA"

Flight International 17.2.1979: „Europe's equatorial Launch Site"

Flight International 8.12.1979: „Ariane: first flight and after"

Flight International 7.3.1981: „Arianespace outlines marketing policy"

Flight International 11.9.1982: „Ariane earns its keep"

Flight International 25.9.1982: „Ariane's problem tackled"

Flight International 28.8.1996: „France's Cerise is first official debris victim"

Harry Ruppe: „Die grenzenlose Dimension Raumfahrt" Band 2 (S.151-160, 206 ff)

ESA: BR-250 ESA Achievements

ESA: SP-1235: „A History of the European Space Agency 1958 – 1987"

Hans-Martin Fischer: „Europas Trägerrakete Ariane"

T.E. Esch: „Raumfahrtantriebe"

Werner Büdeler: „Raumfahrt in Deutschland"

Didier Capdevila: „Capcom Espace" (http://www.capcomespace.net)

Ariane 2 und 3

Schon bei den Versuchsflügen der Ariane in den Jahren 1979 bis 1982 wurde deutlich, dass die Ariane 1 über mehr Leistung verfügte, als zunächst erwartet worden war. Die Ariane 1 war mit dem Ziel entwickelt worden, zwei Delta-2900 Nutzlasten (je 705 kg) oder die Nutzlast der Atlas-Centaur (1.860 kg) transportieren zu können.

In der Zwischenzeit blieb die Konkurrenz natürlich nicht stehen. Die 1975 eingeführte Delta-3914 transportierte nun bereits 930 kg in den GTO-Orbit, und ab 1982 sollten es mit der Delta-3925 sogar 1.200 kg sein. Auch die Atlas Centaur wies nun eine Einzelstartnutzlast von 2.175 kg auf, die auch von den Satelliten der Intelsat VA Serie benötigt wurde.

Die größte Bedrohung ging jedoch vom Space-Shuttle aus, der mit der PAM-D Oberstufe ebenfalls rund 1.200 kg kostengünstig in den geostationären Transferorbit befördern konnte. Die Fähigkeit zu Doppelstarts hielt die Ariane allerdings preislich konkurrenzfähig.

Eine Erweiterung der Ariane zu einer Doppelstartkapazität von 2.000 kg, später dann auf 2.400 kg, war also unumgänglich. Schon vor dem Jungfernflug der Ariane 1, im Jahre 1979, gab es daher Pläne der CNES für eine Leistungssteigerung der Rakete auf eine Nutzlast von 2.300 bis 2.400 kg. Diese wurde von der ESA 1980 beschlossen und führte zum Bau von Ariane 2 und 3. Die Erweiterung kostete nur 144 Millionen Dollar, was etwa 14% der Ariane 1 Entwicklungskosten entsprach. Die Ariane 2 sollte 1.950 bis 2.000 kg Nutzlast aufweisen und die Ariane 3 sogar 2.300 bis 2.400 kg.

Diese Daten beruhten auf der projektierten Nutzlast der Ariane 1. Da deren Drittstufe jedoch eine erheblich bessere Leistung als erwartet aufwies, übertraf die Ariane 2 mit 2.210 kg und die Ariane 3 mit 2.580 kg Nutzlast die Planungen deutlich. Die Entwicklung war relativ preiswert, weil die ESA im wesentlichen bei Ariane 2 Reserven der Triebwerke ausnutzte. Der Brennkammerdruck wurde in allen Triebwerken leicht angehoben. Dadurch war es möglich, die dritte Stufe zu verlängern und mehr Treibstoff mitzuführen.

Ariane 2 und 3 unterschieden sich nur in den beiden je 9,7 t schwere Feststoffboostern, die an der Ariane 3 angebracht waren. Etwa 65% der Entwicklungskosten entfielen auf diese, von SNIA in Italien, gebauten Booster. Neben den Kosten war eine zweite wichtige Rahmenbedingung, dass alle Veränderungen an der Rakete mit dem vorhandenen Startplatz kompatibel sein mussten. Denn die Notwendigkeit eines Umbaus hätte bedeutet, dass während dieser Zeit keine Ariane 1 hätte starten können.

Die Startkosten betrugen 371 (Ariane 2) beziehungsweise 420 Millionen Francs (Ariane 3). Vor allem die Doppelstartfähigkeit für die aktuell verfügbaren Satelliten bei etwa gleich bleibenden Produktionskosten war sehr wichtig für Arianespace. Ein Start eines Satelliten der Delta-2 Klasse auf der Ariane 3 kostete einen Kunden 34 Millionen Dollar.

Ein weiterer wichtiger Punkt war es, die Startrate zu steigern. Dazu trug die Ende 1985 fertiggestellte ELA-2 Startrampe bei, welche die Startvorbereitungszeit halbierte. So wurde eine Steigerung der Startzahl auf sieben Flüge für 1985 und sogar acht für die folgenden Jahre anvisiert. Fehlschläge bei den Flügen V15 und V18 verhinderten jedoch, dass dieses ehrgeizige Ziel erreicht wurde.

Die Entwicklung der Ariane 2 und 3 wurde von der ESA durchgeführt. Allerdings war Ariane immer noch kein „richtiges" ESA Projekt, sondern ein gemischtes ESA/CNES Vorhaben mit jeweils 50% Beteiligung beider Weltraumagenturen.

Bereits im Vorfeld war eine Bergung der ersten Stufe der Ariane 3 im Gespräch. Ideen dafür hatte es schon bei der Ariane 1 gegeben. Grundlage dafür war ein Experiment bei dem Erstflug der Ariane 1 gewesen. Ein Flugzeug der französischen Luftwaffe beobachtete den Aufschlag der ersten Stufe im Wasser und dirigierte ein Schiff der französischen Marine vor Ort. Obwohl die Tanks der ersten Stufe kurz nach der Stufentrennung pyrotechnisch aufgetrennt worden waren, schwamm die Stufe noch einige Zeit auf dem Wasser. Das gab den Plänen weiteren Auftrieb, den Absturz der Stufe mittels Fallschirmen zu bremsen und sie dann zu bergen. Drei Fallschirme mit einer Fläche von 2.600 m² sollten die Fallgeschwindigkeit auf rund 10 bis 15 m/s senken.

Das notwendige System hätte etwa 600 kg gewogen und dabei die Nutzlast um rund 50 kg verringert. Dafür wäre der Startpreis um rund 15% gesunken. Ziel war nicht die Wiederverwendung der ganzen ersten Stufe, sondern nur des 3,80 m hohen Schubgerüstes mit den vier Viking Triebwerken, die alleine einen Wert von drei Millionen Pfund darstellten. Als jedoch klar wurde, dass die Ariane auch ohne Bergung der ersten Stufe eine ernsthafte Konkurrentin des Space-Shuttle darstellte, gab die ESA diese Pläne auf.

Abbildung 28: Start einer Ariane 2 © *des Fotos: ESA*

Der Einsatz

Als Ariane 1 die ersten Flüge aufnahm, war die Konkurrenz in den USA: Die Delta bei kleinen Satelliten und die Atlas-Centaur bei großen Nutzlasten. Mit diesen beiden etablierten Trägern konnte Ariane 1 konkurrieren. Die Gefahr am Horizont war der Space Shuttle, der Transporte zu einem wesentlich niedrigeren Preis anbieten sollte. Im August 1982 veröffentlichte die Zeitschrift „Flight" folgenden Vergleich:

	Preis Mitte 1983	Preis Mitte 1985
Ariane	45-50 Mill. $	60-67 Mill. $
Atlas-Centaur	47 Mill. $	66 Mill. $
Delta	25 Mill. $	38.7 Mill. $
Shuttle	37.8 Mill. $	89.7 Mill. $
Delta Nutzlast auf Ariane	23-27 Mill. $	30-36 Mill. $
Delta Nutzlast auf Shuttle	13.9 Mill. $	26 Mill. $
Atlas Nutzlast auf dem Shuttle	30 Mill. $	66 Mill. $

Bis 1986, so nahm auch Arianespace an, würde Ariane noch teurer als der Space Shuttle sein. Daher war die schnelle Markteinführung der Ariane 2+3 wichtig, denn diese Modelle boten mehr Nutzlast zu einem weitgehend unveränderten Startpreis. Ariane 4 sollte dann zum Space Shuttle vergleichbare Startpreise offerieren. Durch das flexible System von Boostern sollte es aber vor allem möglich sein, die Rakete an die Nutzlast anzupassen. Doch während Arianespace für diesen Preis kostendeckend arbeiten konnte, war es beim Space Shuttle nicht so. Nominell war der Space Shuttle preiswerter. Er konnte vier Satelliten der Delta Klasse inklusive ihrer PAM-D Oberstufen transportieren. Doch in der Praxis hatten die Kunden dann zum einen Mehrkosten von 5 Millionen Dollar für die PAM-D Oberstufe zu tragen. Zum anderen war es in der Praxis unmöglich, die Liefertermine von Kunden so abzustimmen, dass der komplette Nutzlastraum benutzt wurde - kein Space Shuttle startete mehr als 2 Satelliten auf einmal. Bezahlt bekam dann die NASA nur den benutzten Teil des Nutzlastraumes.

1982 wurde der Startpreis für die nächsten drei Jahre fix auf 71 Millionen Dollar (für den kompletten Nutzlastraum) festgelegt. Als 1985 Erfahrungen mit den wahren Startkosten des Routinebetriebs vorlagen, sollte er auf mindestens 100 Millionen Dollar erhöht werden, um die laufenden Kosten zu decken. Sollte ein Teil der Entwicklungskosten des Space Shuttles wieder durch kommerzielle Starts erlöst werden, so müsste er sogar auf 129 Millionen erhöht werden. CIA Berichte ergaben aber, das Arianespace selbst bei 87 Millionen Dollar pro Start mit dem Space Shuttle konkurrieren könnte. Ein höherer Startpreis würde nur bedeuten, dass die Firma mehr Profite macht. US Trägerraketen hätten selbst bei einem deutlich höheren Preis des Space Shuttles nur geringe Chancen mit Arianespace zu konkurrieren, da diese deren kostendeckenden Startpreise unterbieten könnte. So wurde im Juli 1985 der Mietpreis für die gesamte Shuttle Nutzlastbucht auf 71.4 Millionen Dollar festgelegt, obwohl damit jeder Start einer kommerziellen Nutzlast Verluste für die NASA bedeutete. Damit konnte Arianespace konkurrieren.

Zwei Fehlschläge musste Arianespace bei insgesamt 17 Flügen der Ariane 2 und 3 hinnehmen. Bei V15 erfolgte das Zündungssignal der dritten Stufe um 0,4 s zu früh (nominell 8,4 s nach Abschaltung der zweiten Stufe). Ein Wasserstoffventil hatte sich in dieser Zeit zu stark abgekühlt und war dadurch undicht geworden. Daher konnte für mehrere Sekunden Wasserstoff austreten. Als sich dann die Gase in der Brennkammer entzünden sollten, war ein falsches Mischungsverhältnis vorhanden und die Stufe zündete nicht. Die Satelliten Spacenet-3 und ECS-3 gingen bei diesem Flug verloren.

Besonders blamabel an diesem Fehlschlag war, dass der französische Präsident François Mitterrand Kourou für diesen Start besuchte. Der Hersteller SEP setzte zehn Vorschläge zur Lösung dieses Problems um. Es wurde angenommen, dass die Ursache des Versagens in einem Produktionsmangel lag. Schon drei Flüge später (V18) ging der Satellit Intelsat VA F14 verloren. Ursache war wiederum eine nicht erfolgreiche Zündung der dritten Stufe. Diesmal wurde eine unabhängige Untersuchungskommission eingesetzt, erstmals unter deutscher Leitung von Dr. Carl Helmut Dederra von der Firma MBB.

Es zeigte sich, dass eine um 0,2 s verzögerte Ausführung des Kommandos zur Zündung zu einer viel zu starken Explosion in der Brennkammer geführt hatte. Diese hatte eine Schockwelle erzeugt, welche sich über die Wasserstoffleitung ausbreitete und dabei Kavitation auslöste, d.h. eine Ausgasung des flüssigen Wasserstoffs. Als Folge war der Wasserstoffdruck im Gasgenerator zu gering, es konnte nicht genügend Gas produziert werden, und die Turbopumpe sprang nicht an.

Es wurden 14 Maßnahmen zur Beseitigung dieses Fehlers vorgeschlagen und eine neue Zündung entwickelt. Diese wurde in zwei unterschiedliche Testtriebwerke eingebaut und ab dem 4.8.1986 in Vernon getestet.

Der neue Zündmechanismus lieferte nun die dreifache bis vierfache Energie. Er hatte drei bis vier Flammen, um an verschiedenen Stellen die Zündung auslösen zu können. Die gleiche Maßnahme wurde für den Starter des Gasgenerators umgesetzt. Hier wurde auch die freigesetzte Gasmenge deutlich erhöht und das Mischungsverhältnis beim Start des Generators verändert. Die Mischung war nun bei der Zündung sauerstoffreicher und entzündete sich deshalb leichter.

Es folgte ein intensives Testprogramm, bei dem 13 Triebwerke und 30 Turbopumpen gebaut wurden. Erst 17 Monate später startete die nächste Ariane.

Dabei kam der Verlust der Satelliten zu einem extrem ungünstigen Zeitpunkt. Arianespace hatte ein prall gefülltes Auftragsbuch mit 42 Satellitenstarts und war von 1986 bis 1990 voll ausgebucht. Es gab Kritik seitens einiger Minister des ESA-Ministerrats, der im nächsten Jahr über die Ariane 5 Entwicklung zu beschließen hatte. Die Ariane musste nun ihre Zuverlässigkeit unter Beweis stellen und erfolgreich fliegen. In der Kritik war besonders Frankreich, weil es das Problem an der dritten Stufe alleine lösen wollte, um weiterhin alleine im Besitz des Wissens über die kryogene Technologie zu bleiben. Deutsche Firmen waren dabei nicht beteiligt.

Abbildung 29: V17 steht an der Startrampe von ELA2. Die Nutzlastspitze und Booster müssen noch montiert werden. Im Hintergrund: Das Assembly Building

Doch auch die Konkurrenz hatte schlechte Karten. Die Challenger war vier Monate vorher am Himmel über Florida explodiert. Nun mussten alle kommerziellen Nutzlasten auf Delta, Atlas und Titan umgebucht werden, doch diese Raketen standen nicht mehr im nötigen Umfang zur Verfügung. Die NASA hatte Anfang der achtziger Jahre sukzessive immer weniger Raketen bei der Industrie bestellt.

Bis die US Hersteller Lockheed (Atlas), Martin-Marietta (Titan) und McDonnell-Douglas (Delta) ihre Produktionsstraßen wieder voll in Betrieb genommen hatten, vergingen Jahre.

Ariane 2 und 3 – evolutionäre Änderungen

Ariane 2 und 3 unterschieden sich nur in Details von der Ariane 1.

- Die Ariane 2 war im wesentlichen eine in der Leistung nur leicht gesteigerte Ariane 1. Der Schub der Triebwerke wurde erhöht, und damit konnte die dritte Stufe mehr Treibstoff mitführen. Sie sah auch äußerlich der Ariane 1 zum Verwechseln ähnlich.

- Die Ariane 3 setzte erstmals bei einer europäischen Rakete Feststoffbooster ein, um die Atmosphäre schneller passieren zu können.

Die Feststoffbooster der Ariane 3

Die Beschleunigung durch diese Zusatzraketen sorgte dafür, dass die Ariane schnell die dichten Schichten der Atmosphäre durchqueren und so ihre Verluste durch die Luftreibung senken konnte. Die Abkürzung SPB 7.35 stand für die Bezeichnung „Solid Propellant Booster" mit 7,35 t Treibstoff.

Jeder Booster lieferte einen Schub von 666 kN. Während seiner Brennzeit von nur 29 s steigerte er die Startbeschleunigung von 13,5 auf 19,7 m/s². Die Booster wurden erst nach dem Start in 11 m Höhe gezündet, um eine Beschädigung des Startplatzes durch die Flammen zu vermeiden. Ausgebrannt waren sie schon in 4,8 km Höhe. Die hohe Beschleunigung bewirkt eine Reduktion der Gravitationsverluste, die dadurch entstehen, dass die Rakete eine endliche Zeit braucht, um die Orbithöhe zu erreichen, um 266 m/s. Dies ist die Hauptfunktion der Booster.

Die Booster bestanden aus einer 5 mm dicken Stahllegierung, da die gesamte Hülse als Brennkammer fungierte und bis zu 60 Bar Brennkammerdruck aushalten musste. Die Segmente wurden durch Rollwalzen aus kürzeren Stücken geformt. Eine Mischung aus Ethylen-Propylen-Dien-Kautschuk (EPDM) und Asbest überzog die Hülse von innen als Thermalschutz.

Die Düse bestand aus einem Kohlenstoff-Epoxidharz Verbundwerkstoff mit einer Glockendüse aus Glasfaser-verstärktem Kunststoff. Sie war nicht schwenkbar und zeigte um 14 Grad zur Vertikalachse nach außen. Die feste Treibstoffmischung bestand aus einem CTPB-Binder (Carboxy-Terminated Polybutadiene) mit 16% Aluminium als Verbrennungsträger und 71% Ammoniumperchlorat als Oxidator. Die „Seele", der Hohlraum für die Verbrennung in der Mitte des Boosters, war in Form eines sechszackigen Sterns ausgelegt. Durch die große Oberfläche ergaben sich daraus eine schnelle Verbrennung und ein hoher Startschub.

Jeweils vier Segmente bildeten einen Booster. SNIA verwendete bei Ariane 3 geschweißte Verbindungen zwischen den Segmenten, sodass es nicht zum Durchbrennen der Dichtungen wie bei der Challenger-Katastrophe kommen konnte. Die Länge der Booster orientierte sich an derjenigen der ersten Stufe.

Bei der Entwicklung der Booster gab es zwei Dinge zu beachten. Die Länge war dadurch limitiert, dass die Booster an den strukturell verstärkten Teilen der ersten Stufe angebracht werden mussten. Das war die Sektion zwischen beiden Tanks und dem Schubgerüst. Die Brenndauer war begrenzt durch die Tatsache, dass die Booster vor Erreichen der Schallgeschwindigkeit abgesprengt werden mussten, um die maximale aerodynamische Belastung zu reduzieren. Dies limitierte die Treibstoffzuladung und Brenndauer.

Die Abtrennung erfolgte in zwei Schritten. Zuerst wurde der Boosterhüllen pyrotechnisch in der Mitte durchtrennt, damit er nach dem Absturz nicht auf dem Wasser trieb. Gleichzeitig wurde die Haltevorrichtung durchtrennt. Das Wegdrücken von der Ariane 3 besorgen dann jeweils zwei überdimensionierte Federpaare von etwa 1,50 m Länge. Acht silberne Klemmbänder umgaben die Booster und fixierten die Leitungen zur ersten Stufe.

Die Entwicklung der Booster erfolgte zwischen 1979 und 1983. Hauptkontraktor war SNIA-BPD (heute Fiat Avio), eine Firma, die später auch eine wichtige Rolle bei der Entwicklung der Feststoffantriebe der Ariane 4 und 5 sowie der Vega spielen sollte. Nach acht Tests am Boden galten die Booster als qualifiziert. Alle Feststoffbooster bei Ariane 3 und 4 arbeiteten problemlos.

SPB 7.35	
Länge:	7,70 m
Durchmesser:	1,08 m
Startgewicht:	9.663 kg
Treibstoffe:	7.350 kg
Leergewicht:	2.313 kg (gesamt) 1.700 kg (nur Motor)
Verbrennungsdruck:	67 bar
Brennkammerlänge:	6,70 m
Düsenlänge:	0,332 m
Expansionsverhältnis:	8,3
Schub:	690 kN (Start) 770 kN (maximal)
Brenndauer:	29 s
Gesamtimpuls:	17 MN
Spezifischer Impuls	2363 m/s (Meereshöhe) 2579 m/s (Vakuum)

Abbildung 30: Die L33 Stufe wird für den Transport nach Kourou verladen

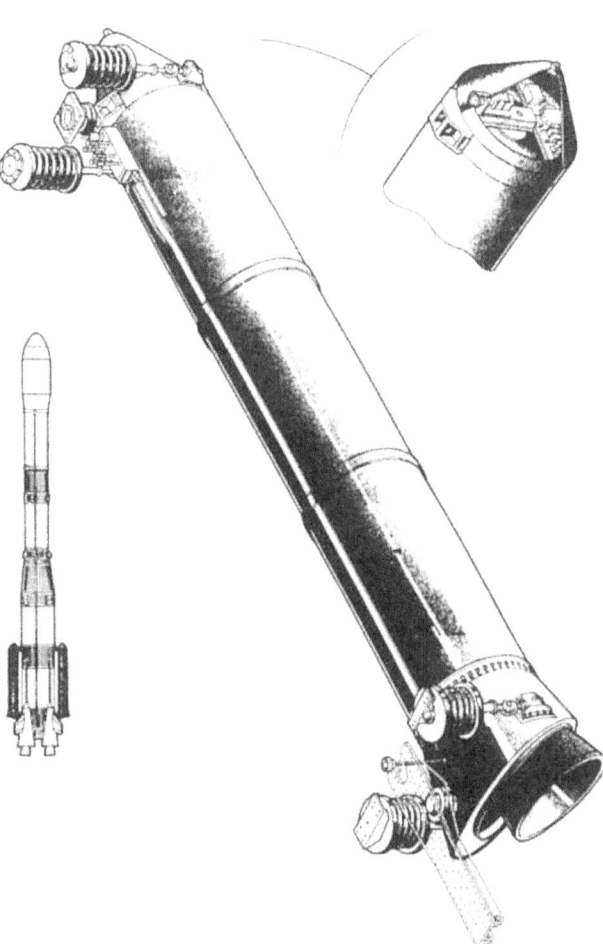

Abbildung 31: Abtrennungsmechanismus der SPB

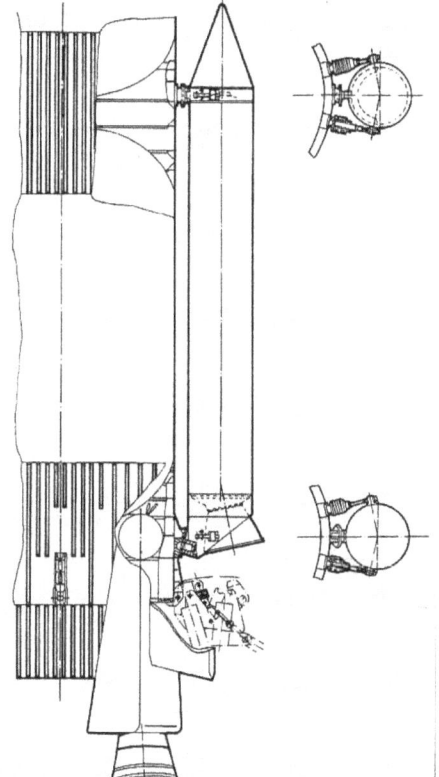

Abbildung 32: Design und Befestigung der SPB Booster

Abbildung 33: Die Booster werden an die Ariane 3 V11 montiert

Erste und zweite Stufe

Eine weitere Leistungssteigerung erfolgte bei beiden Modellen durch die Verbesserung der Triebwerke. Bei der ersten und zweiten Stufe wurde der Brennkammerdruck von 53,5 auf 58,5 Bar erhöht. Damit konnte der Schub um 9% gesteigert werden. Die Brennzeit der Triebwerke nahm dafür leicht ab.

Der höhere Schub bedeutete vor allem eine Verringerung der Gravitationsverluste beim Aufstieg und erlaubte es, die Nutzlasthülle früher abzutrennen. Theoretisch möglich war eine Erhöhung des Brennkammerdrucks bis auf 60 Bar. Um jedoch die maximale aerodynamische Belastung bei der Ariane 3 zu reduzieren, wurde der Druck auf 58,5 Bar begrenzt.

Um die neuen Triebwerke von den Alten zu unterscheiden, erhielten sie das Suffix „B", also Viking-5B und Viking-4B.

Gleichzeitig wurde in den ersten beiden Stufen anstatt UDMH die Treibstoffmischung UH25 (25% Hydrazinhydrat und 75% UDMH) eingeführt. Dies war schon nach den Erfahrungen mit einer Verbrennungsinstabilität bei Start L02 geplant worden. Da UH25 eine geringfügig höhere Dichte als UDMH hatte, änderte sich das Mischungsverhältnis von 1,85 auf 1,71 und die Treibstoffmenge nahm leicht zu.

Geringe Anpassungen an den Drehzahlen der Turbopumpen waren ebenfalls erforderlich. Da die Triebwerke bei einem höheren Verbrennungsdruck eher zu einer Verbrennungsinstabilität neigten, war dieser Schritt notwendig. UH25 hatte eine etwas geringere Energieausbeute als UDMH, doch wurde dies durch den höheren Schub der Triebwerke kompensiert.

L140	
Länge:	18,40 m
Durchmesser: Spannweite:	3,80 m 7,50 m mit Fins
Trockengewicht:	14.070 kg
Treibstoffe:	147.700 kg maximal 145.000 kg nominal 94.200 kg NTO 50.800 kg UH25
Startgewicht:	160,7 t
Schub:	2640 kN (Meereshöhe 2840 kN (Vakuum)
Wasser:	2.300 kg
Zwischenstufenadapter:	3,30 m Höhe, 380 kg Gewicht
Tankdruck:	5 Bar

Beim neuen Produktionslos wurde die Gelegenheit genutzt, Erfahrungen aus dem laufenden Betrieb zu nutzen und Optimierungen vorzunehmen. So wurden die Vorräte an Wasser für die Gasgeneratoren nach den Erfahrungen mit der Ariane 1 etwas reduziert. Das Gewicht der zweiten Stufe verringerte sich damit, und eine von vier Heliumflaschen konnte eingespart werden. Der Adapter zur zweiten Stufe wog durch neue Werkstoffe nur noch 380 kg anstatt 475 kg.

Die erste Stufe wurde an der Zwischentanksektion strukturell verstärkt, um die erhöhten Kräfte der beiden Feststoffbooster mit jeweils 70 t Schub aufnehmen zu können. An der zweiten Stufe wurden, bis auf den Einsatz des neuen Viking-4B Triebwerks und einer leichten Reduktion der Leermasse, keine Änderungen vorgenommen.

Die Veränderungen an der ersten und zweiten Stufe brachten insgesamt 60 kg mehr Nutzlast. Erheblich mehr Vorteile brachte jedoch die Verlängerung der dritten Stufe.

L33	
Länge:	11,60 m
Durchmesser:	2,60 m
Trockengewicht:	3.100 kg
Treibstoffe:	Max. 34.600 kg 21.800 kg NTO 11.800 kg UH25
Startgewicht:	37.230 kg (typ) 37.700 kg (maximal)
Triebwerk:	1 x Viking IVB 786 kN Schub
Rollmoment	Maximal 1000 Nm

Dritte Stufe

Wesentliche Änderungen gab es bei der dritten Stufe. Der Druck in der Brennkammer wurde von 30 auf 35 Bar erhöht und die Düse um 20 cm verlängert. Aus dem HM-7A Triebwerk entstand so das HM-7B mit einem größeren Schub und einem höheren Expansionsverhältnis.

Die wichtigste Veränderung aber war die Verlängerung des Tanks um 1,29 m auf 7,60 m Länge. Dadurch konnten nun 10,8 t statt 8,3 t Treibstoff mitgeführt werden. Die Brenndauer stieg damit von 563 auf 720 s. Die Verlängerung des Tanks war limitiert durch die Herstellungsmethoden bei Air Liquide und die Höhe des Service Turms.

Angepasst wurde auch das Kaltgasdüsensystem für die Kompensation des Rollmoments und die Ausrichtung der Nutzlast (gegebenenfalls auch deren Aufspinnen) an die größeren Nutzlasten. Es war nun für ein maximales Rollmoment von 800 Nm und 13.500 Nm für Spinnmanöver ausgelegt.

Ein weiterer Vorteil war, dass Ariane 2 und 3 durch die längere Brennzeit eine niedrigere Inklination der Bahn erreichten. Der Startplatz der Ariane in Kourou lag zwar auf 5,5 Grad nördliche Breite, aber die Rakete musste in Richtung Nord-Ost starten, um zu verhindern, dass bei einem Fehlstart die Trümmer auf bewohntes Gebiet um Cayenne und Kourou fallen konnten. Erst danach konnte die Rakete nach Süden schwenken. So war die dritte Stufe von Ariane 1 bereits ausgebrannt, bevor sie den Äquator erreichte. Diese Rakete erreichte deshalb nur eine Inklination von 10 Grad zum Äquator. Bei Ariane 2 und 3 waren es durch die längere Brennzeit der Triebwerke hingegen 8 Grad.

Durch eine Änderung der Trajektorie konnte die Inklination sogar auf 3 Grad verringert werden, allerdings benötigte diese Flugbahn dann mehr Treibstoff. Dies wurde bei einigen Flügen getan, bei denen nicht die maximale Nutzlast transportiert werden musste.

H-10	
Länge:	11,40 m
Durchmesser:	2,60 m
Trockengewicht:	1.240 kg 1.360 kg (bei der Zündung)
Treibstoffe:	max. 10.800 kg, 8.875 kg LOX 1.925 kg LH2, 67 kg nicht nutzbar
Tank: Mischungsverhältnis: Druck:	7,08 m Länge 2,60 m Durchmesser 4,61 (LOX / LH2) 2.9 bar LH2, 2.0 bar LOX
Stufenadapter:	2,70 m Höhe 265 kg

Das Triebwerk HM-7B

Der Antrieb HM-7B unterschied sich in zwei Punkten vom HM-7 der Ariane 1. Der Brennkammerdruck wurde von 30 auf 35 Bar erhöht und die Düse um 20 cm verlängert. Daraus resultierte ein höheres Expansionsverhältnis von 83,2 statt 62,5. Beide Maßnahmen zusammen erhöhten den spezifischen Impuls des Triebwerks von 4315 auf 4374 m/s.

Die Sauerstoff-Turbine musste eine etwas höhere Drehzahl aufbringen, vor allem aber musste der Förderdruck gesteigert werden.

Der Schub stieg von 61,7 auf 64,8 kN. Das Verhältnis von Sauerstoff zu Wasserstoff war etwas höher als beim HM-7 und lag bei rund 5,2 Teilen LOX zu 1 Teil LH2.

In dieser Form wurde das HM-7B weitgehend unverändert auch bei der Ariane 4 und der ESC-A Oberstufe der Ariane 5 eingesetzt. Letztere übernahm das gesamte Schubgerüst und den Sauerstofftank, streckte diesen aber etwas, da die Treibstofzuladung 14,6 t bei der ESC-A beträgt.

HM-7B Daten	
Schub:	64,8 kN
Spezifischer Impuls:	4374 m/s
Brennkammerdruck:	35 – 37 Bar
Mischungsverhältnis:	5,2 (LOX / LH2)
Leistung:	152 MW
Treibstoffverbrauch:	14,8 kg/s
Länge:	2,01 m
Max. Durchmesser:	0,99 m
Gewicht:	165 kg (Triebwerk), 70 kg (Brennkammer)
Gasgenerator:	0.26 kg Treibstoff/s 24 Bar Ausgangsdruck 880 K Gastemperatur
Leistung Turbopumpe:	405 kW (332 kW LH2, 73 kW LOX) LH2: von 3 auf 55 Bar LOX: von 2 auf 50 Bar
Drehzahl:	60.800 U/min LH2, 13.000 U/min LOX
Expansionsverhältnis:	83,1
Schubrahmen:	350 kg

Abbildung 34: Blick auf die zweite und dritte Stufe der Ariane: Die zweite ist mit abwerfbaren, verspiegelten Panels umhüllt, die dritte hat eine auf der Außenseite fest angebrachte, braun gefärbte, Isolationsschicht

Abbildung 35: Sylda und Nutzlastverkleidung einer Ariane 3

Sylda und Nutzlastverkleidung

Die Sylda wurde um 50 cm verlängert. Das nutzbare Volumen stieg so von 12 auf 14 m³, und das Gewicht erhöhte sich von 140 auf 190 kg. Die Sylda konnte nun einen Satelliten von 1.040 kg Gewicht aufnehmen. Die maximalen zulässigen Abmessungen der Nutzlast waren 2,60 m Höhe und 2,10 m im Durchmesser. Diese Dimensionen waren ausreichend für die Satelliten der Delta-3920 Klasse.

Die Nutzlastverkleidung wurde ebenfalls angepasst und endete bikonisch. An dieser veränderten Spitze ist eine Ariane 2 von der Vorgängerversion zu unterscheiden. Der zylindrische Teil der Nutzlastverkleidung verlängerte sich um 66 cm, um der Sylda mehr Platz zur Verfügung zu stellen.

Die nutzbare Höhe im zylindrischen Teil betrug nun 3,90 m beim Einsatz der Sylda und 4,40 m bei Einzelnutzlasten. Dieses Raumangebot war ausreichend für zwei Satelliten der Delta Klasse.

Bei der Ariane 1 hatte der obere Satellit noch relativ klein sein müssen. Die Sylda war bei dieser Rakete nur einmal eingesetzt worden, wobei der obere Satellit (Sirio 2) lediglich 420 kg wog. Zwar wurde die Sylda später auch für die Ariane 4 angeboten, doch die Satelliten waren inzwischen zu groß geworden, und die Spelda der Ariane 4 verringerte den Raum für den oberen Satelliten nicht. Deswegen wurde die Sylda nur wenige Male bei Ariane 4 eingesetzt. Zehn Jahre nach dem letzten Ariane 3 Start sollte die Sylda aber in einer modernisierten Version bei der Ariane 5 erneut zum Einsatz kommen.

Die gegenüber der Ariane 1 um etwa 700 kg größere Nutzlast der Ariane 3 machte nun den Transport zweier Nutzlasten der Delta-Klasse zum Regelfall. Nur ein Ariane 3 Start fand ohne Sylda statt. Dies war bei V32, mit dem extrem schweren Nachrichtensatelliten Olympus der Fall.

Die Ariane 3 war als eigentliche Nachfolge der Ariane 1 vorgesehen und hatte ihren Erststart am 4.8.1984 mit V10. Die Ariane 2 wurde nur bei großen und schweren Einzelsatelliten eingesetzt, für die sich kein zweiter, leichter Satellit für die Sylda fand. Der Erststart einer Ariane 2 erfolgte erst zwei Jahre später, am 3.5.1986 mit V18.

Insgesamt starteten elf Ariane 1 (1979 bis 1986), sechs Ariane 2 (1986 bis 1989) und elf Ariane 3 (1984 bis 1989). Der letzte Start einer Ariane 3 fand am 12.7.1989 statt. Damit flogen in der Zeit von 1979 bis 1989 insgesamt 28 Exemplare der Ariane 1 bis 3.

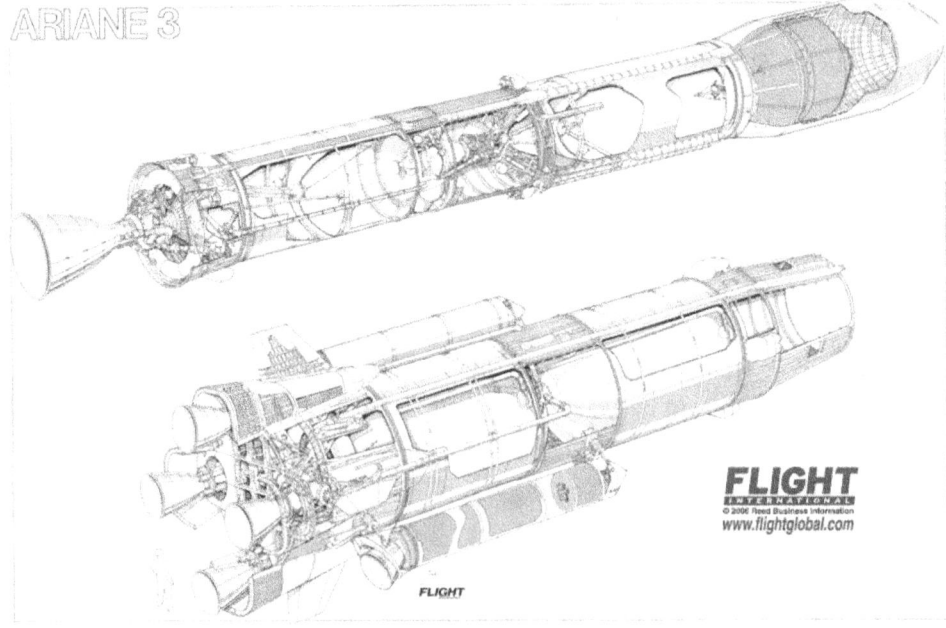

Abbildung 36: Bei ELA 2 (hinten) wird V22 vorbereitet, im Vordergrund wartet auf ELA 1 V23 auf den Start. Bild unten: Schnittbild durch die Ariane 2+3 ©: Flightglobal.com

Start einer Ariane 2 und 3

Das Startprofil der Ariane 2 und 3 unterschied sich kaum von dem der Ariane 1. Neu war die Zündung der Feststofftriebwerke. Damit die Gase der Booster nicht vom Starttisch zurückprallten und auf das Heck der ersten Stufe trafen, wurden sie erst sieben Sekunden nach Zündung der Haupttriebwerke und 3,5 s nach dem Abheben in rund 12 m Höhe gezündet. Das begrenzte die Größe der Booster, denn die Ariane 3 musste zunächst ohne den Einsatz der Booster vom Boden abheben können.

Das Abtrennen der Booster erfolgte rund zwei Sekunden nach ihrem Ausbrennen und noch vor dem Erreichen der Schallgeschwindigkeit.

Auffällig bei dem Startprofil der Ariane 3 war eine ausgeprägte „Delle", die von dem hohen Schub der Feststofftriebwerke herrührte. Dieser hohe Schub bewirkte, dass die Rakete anfangs eine hohe vertikale Beschleunigung aufbaute. Dadurch benötigte die dritte Stufe nun aber mehr Zeit, um die Kreisbahngeschwindigkeit zu erreichen. Da sie mehr Treibstoff mitführte, und die Nutzlast schwerer war, sank die Bahn der Ariane zunächst ab, bis schließlich die leichter werdende H-10 mit der Nutzlast die Kreisbahngeschwindigkeit erreichte und die weitere Beschleunigung den Abstand zur Erde wieder ansteigen ließ.

Ariane 1 hatte den höchsten Punkt in der Aufstiegsbahn bei 220 km und einen Niedrigsten bei 200 km. Bei der Ariane 3 stieg der höchste Punkt auf 260 km, und der niedrigste sank auf 195 km ab.

Ein weiterer Vorteil der verlängerten Brenndauer war, dass sich die H-10 nun längere Zeit über dem Äquator befand und so die Inklination der Bahn abgebaut werden konnte. Diese betrug bei Ariane 1 noch rund 10 bis 11 Grad, bei Ariane 2 und 3 hingegen nur noch 8 Grad.

Abbildung 37: Abtrennung der Booster bei V10. Die durch die Hitze hell glühenden Düsen der Viking Triebwerke sind gut zu erkennen.

Countdown

Zeit (T – x)	Ereignis
- 28h 15 min	Start der Konfiguration der Bodenanlagen
- 25 h 30 min bis – 21 h 45 min	Befüllung der ersten und zweiten Stufe mit NTO
- 18 h 30 min bis – 14 h 30 min	Befüllung der ersten und zweiten Stufe mit UDMH / UH25
- 11 h 30 min bis – 11 h 00 min	Überprüfung der Stufen 1 und 2
- 11 h bis – 6h	Geplanter Haltepunkt
- 7 h 50 min bis – 5 h 00 min	Vorbereitung in der Missionskontrolle
- 5 h 55 min	Wiederaufnahme des Countdowns, Druckbeaufschlagung der dritten Stufe
- 4 h 50 min bis – 3 h 20 min	Druckbeaufschlagung Druckgas Zweite Stufe
- 5 h 15 min bis – 4 h 55 min	Tests der Funkverbindung der Stationen zum VSG
- 4 h 55 min bis -1 h 05 min	Funkstille
- 3 h 20 min	Beginn der Befüllung der dritten Stufe
- 2 h 40 min bis – 1 h 40 min	Druckbeaufschlagung der Treibstofftanks der ersten und zweiten Stufe
- 2 h 04 min bis – 1 h 05 min	Funktionskontrollen des Trägers
- 1 h 05 min	Druckaufbau der Heliumflasche der dritten Stufe
- 55 min	Beginn der Funktionskontrolle des Satelliten
- 50 min	Laden des OBC Programms, Ende Druckbeaufschlagung des Heliums
- 8 min	Einholung des „Grün" Status aller Stationen und Umstellung der Satelliten auf Bordstromversorgung
- 6 min	Beginn des Endcountdowns („synchroniced Sequence")
- 1 min	Umstellung der Rakete auf Bordstromversorgung
- 9 s	Freigeben der Inertialreferenzplattform
- 4 s	Rückzug der Tankarme von der dritten Stufe
0	Zündung der Triebwerke der ersten Stufe

Die folgende Tabelle zeigt den Flugablauf einer Ariane 3 nach dem Zünden der Triebwerke bei T = 0:

Zeit (T + x)	Ereignis
+ 3,4 s	Abheben
+ 7,2 s	Zündung der PAP
+ 10 s	Ende der vertikalen Aufstiegsphase und Beginn des Neigeprogramms
+ 39,2 s	Abtrennung PAP
+ 138,2 s	Schub der ersten Stufe unter 50% des Ausgangswertes
+ 140,6 s	Zündung der Beschleunigungsraketen der zweiten Stufe
+ 143,2 s	Stufentrennung
+ 143,1 s	Zündung der zweiten Stufe
+ 146,7 s	Zweite Stufe erreicht Nominalschub
+ 150,6 s	Abtrennung der Beschleunigungsraketen der zweiten Stufe
+ 153,2 s	Start des Führungsprogramms im OBC
+ 221,6 s	Abtrennung Nutzlastverkleidung
+ 269,9 s	Brennschluss der zweiten Stufe
+ 270,6 s	Zündung der Beschleunigungsraketen der dritten Stufe
+ 274,6 s	Trennung zweite und dritte Stufe
+ 278,3 s	Zündung HM-7B
+ 289,8 s	HM-7B erreicht Nominalschub
+ 375 s	Natal hat Radarkontakt
+ 775 s	Ascension Island hat Radarkontakt
+ 895 s	Akakro hat Radarkontakt
+ 997,8 s	Herunterfahren des HM-7B
+ 999,2 s	Orbitalgeschwindigkeit ist erreicht.
+ 1001,2 s	Beginn der räumlichen Ausrichtung der H-10
+ 1076,2 s	Beginn der Rotation
+ 1103,6 s	Ende der Rotation (10 U/min) und Abtrennung des oberen Satelliten
+ 1106,6 s	Beginn des Despin-Manövers
+ 1204 s	Öffnung der Sylda
+ 1209 s	Neue Ausrichtung der dritten Stufe für den zweiten Satelliten
+ 1276,8 s	Beginn der Rotation
+ 1304,4 s	Ende der Rotation und Abtrennung des unteren Satelliten
+ 1308,4 s	Ende der Ariane 3 Mission

Die folgende Tabelle informiert über die wesentlichen Unterschiede im Missionsablauf der einzelnen Ariane Versionen. Alle Geschwindigkeiten beziehen sich auf die Relativbewegung zum Erdboden. Für die Orbitalgeschwindigkeit muss noch die Rotationsgeschwindigkeit der Erde von 465 m/s am Äquator addiert werden.

Ereignis	Ariane 1	Ariane 2	Ariane 3
Abtrennung SPB Booster: Höhe: Geschwindigkeit:			34 s 4 km 255 m/s
Stufentrennung erste Stufe: Höhe: Geschwindigkeit:	154 s 57 km 1810 m/s	144 s 51 km 1850 m/s	138 s 55 km 2100 m/s
Abtrennung Nutzlastverkleidung: Höhe: Geschwindigkeit:	250 s 108 km 3250 m/s	225 s 107 km 3040 m/s	218 s 108 km 3165 m/s
Stufentrennung Zweite Stufe: Höhe: Geschwindigkeit:	298 s 138 km 4740 m/s	273 s 146 km 4470 m/s	273 s 147 km 4725 m/s
Brennschluss dritte Stufe: Höhe: Geschwindigkeit:	870 s 212 km 9755 m/s	994 s 210 km 9755 m/s	994 s 216 km 9750 m/s

Abbildung 38: Zündung der SPB der Ariane 3 erst nach dem Abheben

Typenblatt Ariane 2 und 3

Länge:	48,90 m
maximaler Durchmesser:	3,80 m
Startgewicht:	219 t (Ariane 2), 240 t (Ariane 3)
Einsatzzeitraum:	1984 – 1989
Starts:	6 x Ariane 2, 11 x Ariane 3
Fehlstarts:	2
Zuverlässigkeit:	81,8 %

Nutzlast:		Ariane 2	Ariane 3
	GTO-Orbit	2.210 kg	2.580 kg
	SSO-Orbit	3.000 kg	3.450 kg
	Fluchtkurs	1.100 kg	1.300 kg

Stufe 1 L140

Länge:	18,40 m
Durchmesser:	3,80 m
Startgewicht:	160.900 kg
Leergewicht:	14.070 kg
Triebwerk:	4 Triebwerke Viking-4B
Schub:	4 x 680 kN (Meereshöhe)
	4 x 710 kN (Vakuum)
Brenndauer:	135 s
Treibstoff:	NTO / UDMH
Spezifischer Impuls:	2432 m/s (Meereshöhe), 2756 m/s (Vakuum)

Feststoffbooster SPB 7.35 (nur Ariane 3)

Länge:	7,70 m
Durchmesser:	1,06 m
Startgewicht:	9.663 kg
Leergewicht:	2.313 kg
Schub:	690 kN
Brenndauer:	29 s
Treibstoff:	Ammoniumperchlorat / Aluminium / Carboxyl-terminiertes Polybutadien
Spezifischer Impuls:	2363 m/s (Meereshöhe)
	2579 m/s (Vakuum)

Stufe 2 L33

Länge:	11,60 m
Durchmesser:	2,60 m
Startgewicht:	37.230 kg
Trockengewicht:	3.100 kg
Triebwerk:	1 x Viking-5B
Schub:	798 kN (Vakuum)
Brenndauer:	126 s
Treibstoff:	NTO / UDMH
Spezifischer Impuls:	2936 m/s

Stufe 3 H10	
Länge:	9,90 m
Durchmesser:	2.60 m
Startgewicht:	12.036 kg
Leergewicht:	1.336 kg
Triebwerke:	1 x HM-7B
Schub:	64,8 kN (Vakuum)
Brenndauer:	720 s
Treibstoff:	LOX / LH2
Spezifischer Impuls (Vakuum):	4356 m/s
VEB	
Länge:	1,15 m
Durchmesser:	2,60 m
Gewicht:	319 kg
Nutzlasthülle	
Länge:	8,65 m
Durchmesser:	3,20 m
Gewicht:	826 kg
Sylda	
Länge:	14 m³
Durchmesser:	3,20 m
Gewicht:	190 kg

Abbildung 39: V17 auf der Startrampe bei ELA2 auf dem erhöhten Starttisch. Im Hintergrund ELA1.

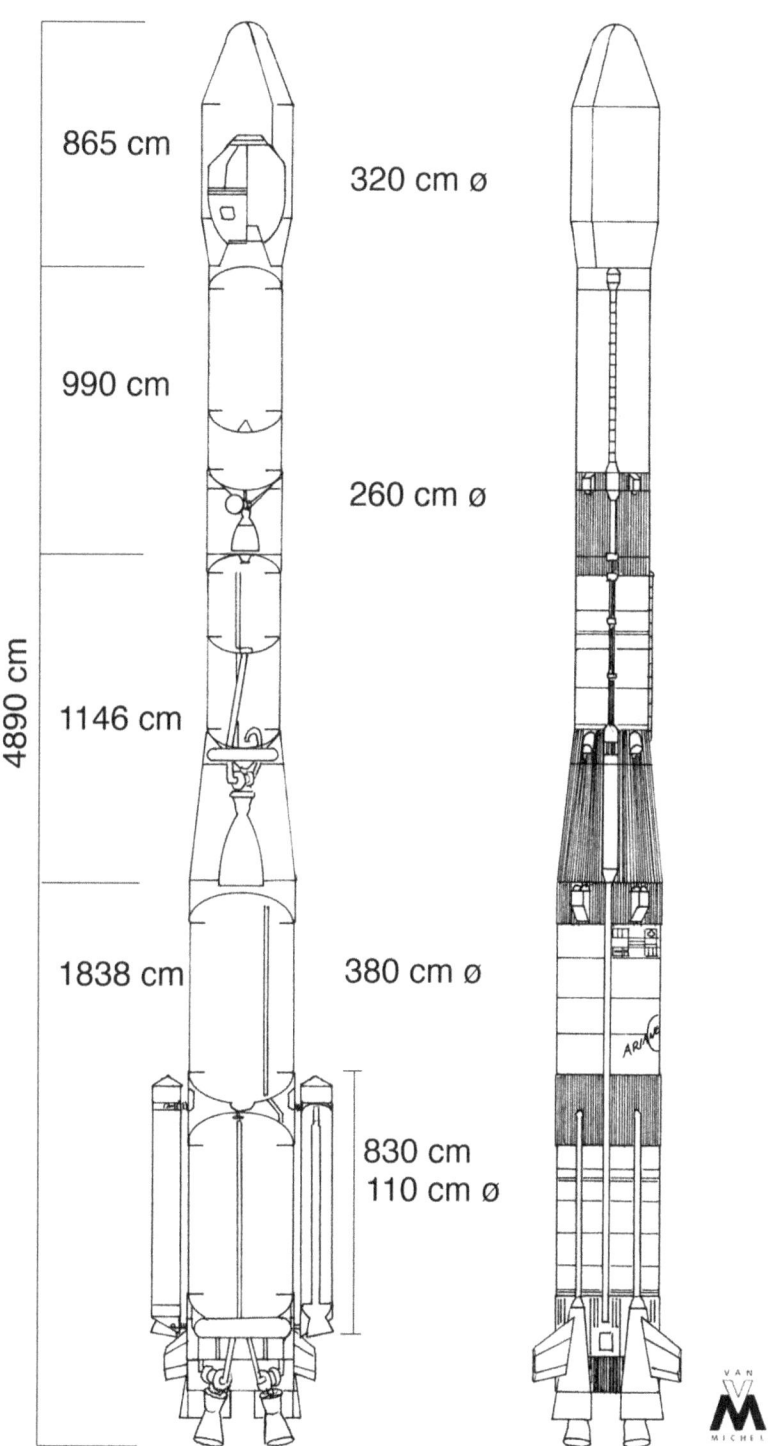

Abbildung 40: Ariane 3 im Schnitt und Ariane 2 in der Außenansicht
© *der Grafik Michel Van*

Abbildung 41: Jungfernflug der Ariane 3 bei V10.

Die Konkurrenten

Ariane 1 wurde entwickelt mit dem Entwurfsziel eine ähnliche Nutzlast wie die SLV-3D Centaur. Dies war die Standard Trägerrakete der USA für schwere geostationäre Satelliten. Sie transportierte unter anderem auch die Intelsat IV und V Serie in den Orbit. Unter Berücksichtigung der geringeren Bahnneigung einer geostationären Übergangsbahn entsprach die geplante Nutzlast der Ariane 1 dem der Atlas Centaur von 1.880 kg.

Noch während der Entwicklung der Ariane 1 kam die Idee auf, stattdessen auch zwei kleinere Satelliten zu starten. Ariane 1 besaß dafür jedoch eine zu kleine Nutzlast, sodass sie nur Satelliten der Delta 2900 Klasse transportieren konnte. Die Delta 2914 war seit 1974 im Einsatz und wies eine Nutzlast von 705 kg auf. Für das 1975 erstmals gestartete Nachfolgemodell Delta 3914 mit 930 kg Nutzlast reichte die Doppelstartkapazität nicht aus.

Als die Ariane 1 Testflüge beendet waren, standen neue Versionen der US-Träger vor dem Einsatz. Die Atlas Centaur H mit 2.255 kg GTO Nutzlast und die Delta 3920 PAM mit 1.230 kg Nutzlast. Als Hauptkonkurrent galt aber der Space Shuttle, der bis zu drei Nutzlasten der Delta Klasse auf einmal starten konnte – und dies neben anderen Experimenten. Die Nutzlast des Space Shuttle war so groß, dass der limitierende Faktor nicht das Gewicht der Satelliten mitsamt ihrer PAM-D Oberstufe war, sondern der Umstand, dass es problematisch ist, mehr als zwei bis drei Satelliten zum gleichen Zeitpunkt startbereit zu haben. Die Konkurrenz war so groß, das die NASA im April 1985 den Startpreis des Shuttles von 87 auf 71 Millionen Dollar (Wert: 1982) reduzierte, um keine Kunden an Arianespace zu verlieren. Die US-Trägerindustrie forderte sogar einen Startpreis von 110 bis 129 Millionen Dollar.

Arianespace konnte schon damals aufgrund günstiger Preise sich einen guten Teil des Marktes erobern. Von Vorteil war auch die Ausrichtung auf den Kunden, während bei den USA diese in direkter Konkurrenz zu den institutionellen Starts des Verteidigungsministeriums und der NASA standen. Wenn es hier einen Konflikt gab, so zogen kommerzielle „Kunden" der NASA immer den kürzeren.

Sehr deutlich ist, das Ariane 1 noch vorwiegend europäische Nutzlasten startete. Bei Ariane 2 und 3 nahm die Zahl der Drittaufträge schon deutlich zu. Ariane 3 war auch fähig zwei der Delta 3920 Nutzlasten auf einmal zu starten. Die Ariane 2 konnte alternativ einen Satelliten ins All bringen, der sonst mit einer Atlas-Centaur G gestartet worden wäre.

Das Space Shuttle entpuppte sich nicht als der primäre Konkurrent: Es startete zu selten und hatte zuerst einen Nutzlaststau abzuarbeiten. Die ersten 19 kommerziellen Flüge transportierten nur 20 kommerzielle Nutzlasten. Noch dazu mussten drei dieser wegen Fehler der Oberstufen wieder geborgen werden. Das sollte sich 1986 ändern. Vier Raumfähren sollten mehr Starts erlauben und damit auch mehr kommerzielle Flüge. Diese Pläne der NASA endeten am 28.1.1986 als 73 s nach dem Start die Raumfähre Challenger explodierte ...

Trägerrakete	Einsatz	GTO-Nutzlast	Startpreis
Delta 2914	1974-1981	705 kg	14-21 Mill. $
Delta 3914	1975-1988	930 kg	25-32 Mill. $
Delta 3925	1980-1989	1.270 kg	38 Mill. $
SLV 3D Centaur	1973-1983	1.860 kg	46 Mill. $
Atlas Centaur I	1983-1997	2.255 kg	59 Mill. $
Shuttle	1984-1986	3 x 1.270 kg	71,4 Mill. $
Ariane 1	1979-1986	1.850 kg	50 Mill. $
Ariane 2	1986-1989	2.210 kg	60 Mill. $
Ariane 3	1984-1989	2.580 kg	67 Mill. $

Ariane 2 und 3 Starts

Erfolg	Datum	Nutzlast	Trägerrakete	Start	Startplatz
√	04.08.1984	ECS 2 + Telecom 1A	Ariane 3	V10	CSG ELA1
√	10.11.1984	Marecs 2 + Spacenet F2	Ariane 3	V11	CSG ELA1
√	08.02.1985	Brasilsat 1 + Arabsat 1A	Ariane 3	V12	CSG ELA1
√	08.05.1985	Telecom 1B + Gstar 1	Ariane 3	V13	CSG ELA1
—	12.09.1985	Spacenet F3 + Eutelsat I F-3	Ariane 3	V15	CSG ELA1
√	28.03.1986	Brasilsat 2 + Gstar 2	Ariane 3	V17	CSG ELA2
—	31.05.1986	INTELSAT VA F14	Ariane 2	V18	CSG ELA1
√	16.09.1987	Aussat K3 + Eutelsat I F4	Ariane 3	V19	CSG ELA1
√	21.11.1987	TV-SAT	Ariane 2	V20	CSG ELA2
√	11.03.1988	Spacenet 3R + Telecom 1C	Ariane 3	V21	CSG ELA1
√	17.05.1988	INTELSAT VA F13 (NSS 513)	Ariane 2	V23	CSG ELA1
√	21.07.1988	Insat 1C + Eutelsat I F-5	Ariane 3	V24	CSG ELA1
√	08.09.1988	SBS 5 + Gstar 3	Ariane 3	V25	CSG ELA2
√	28.10.1988	TDF 1	Ariane 2	V26	CSG ELA1
√	27.01.1989	INTELSAT VA F15	Ariane 2	V28	CSG ELA1
√	02.04.1989	Tele-X	Ariane 2	V30	CSG ELA1
√	12.07.1989	Olympus	Ariane 3	V32	CSG ELA1

Literaturhinweise

Flight international, 6.6.1981: „Ariane begins to Mature"

Flight international, 28.8.1982: „What price a launch?"

Flight international, 11.9.1982: „Ariane earns its keep"

Flight international, 30.4.1983: „Ariane uprated"

Flight International, 15.11.1985: „SEP explains V15 failure"

Flight International, 31.12.1985: „Saving Weight in Space"

Flight international, 11.1.1986: „Satellite Launcher Directory: Europe"

Flight international, 21.5.1986: „German heads Ariane Inquiry Board"

Flight international, 20.9.1986: „Ariane's big fix"

Didier Capdevila: „Capcom Espace" (http://www.capcomespace.net)

SNECMA: „HM-7B cryogenic engine"

Air liquide: „Space cryostats"

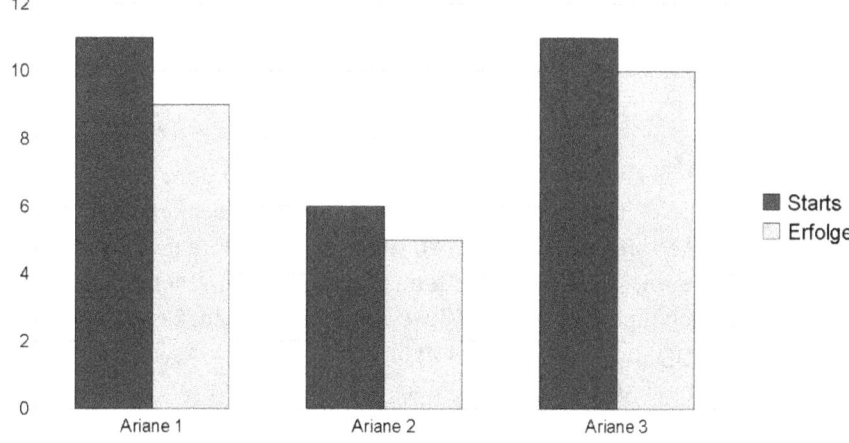

Abbildung 42: Flüge und Erfolge der Ariane 1-3

Ariane 4

Die Ariane 4 war die Antwort auf die sich ausweitende Nachfrage nach Trägern für unterschiedlich große Satelliten. Auf Basis der Ariane 3 sollte mit ihr ein Trägersystem geschaffen werden, das ein breites Spektrum von Nutzlasten kostengünstig transportieren konnte. Dabei musste es möglichst einfach und preisgünstig zu entwickeln sein.

Schon während der Entwicklung der Ariane 1 hatte es Überlegungen gegeben, wie die Leistung über die Möglichkeiten der Ariane 3 hinaus gesteigert werden konnte. Die ersten Ideen von 1979 sahen eine Verlängerung der ersten Stufe um 38 Prozent, den Einbau eines fünften Triebwerks und die Nutzung von vier Feststoffboostern vor. Die Booster sollten gegenüber den Ariane 3 Modellen verlängert werden. Diese Version hätte etwa 2.900 kg in den GTO-Orbit gebracht und wäre vergleichbar mit dem späteren Ariane 44P Modell gewesen.

Bald erschienen diese Maßnahmen jedoch nicht mehr ausreichend. Es wurden in der Folge größere Feststoffbooster und auch Booster mit flüssigen Treibstoffen untersucht. Bis Mitte 1982 stand dann das heutige Konzept fest. Es setzte sich gegen einen zweiten Vorschlag mit fünf Triebwerken und vier Feststoffboostern in der ersten Stufe durch. Diese Lösung hätte jedoch umfangreiche Änderungen am Triebwerksgerüst der ersten Stufe erfordert.

Realisierbar war dieses Konzept nur, indem bei der Ariane 4 die bisherige Ariane Technologie beibehalten wurde. Die gestreckte erste Stufe konnte nun 226 t Treibstoff mitführen. Wo es möglich war, wurden zur Gewichtsreduktion modernere Materialien eingesetzt.

Am stärksten wurde aber die Nutzlast durch Booster gesteigert. Als Booster standen verlängerte Feststoffbooster der Ariane 3 und neue Booster mit flüssigen Treibstoffen zur Verfügung. Vor allem der Anteil Italiens am Programm stieg durch die von SNIA gefertigten Feststoffbooster.

Bewilligt wurde die Ariane 4 Entwicklung nach dem Flug L05 und damit dem Abschluss des Ariane 1 Programms, das mit L04 endete. Es konnte so an dieses anschließen. Die Entwicklung sollte 207 Millionen Accounting Units (MAU) (ca. 200 Millionen Euro) kosten. Dazu kam der Bau eines weiteren, ELA-2 genannten, Startkomplexes, der weitere 100 Millionen MAU nötig machte. Der Erststart war für Mitte 1986 vorgesehen. Er verschob sich aber durch die Fehlstarts bei V15 und V18 auf das Jahr 1988. Diese Verschiebungen erhöhten den Finanzierungsbedarf auf 550 Millionen Dollar.

Das Designziel von Ariane 4 war eine Zuverlässigkeit von 95% – deutlich höher als die 90 %, die noch für Ariane 1 geplant waren. Erreicht wurde beim letzten Flug eine Zuverlässigkeit von 97.4 %.

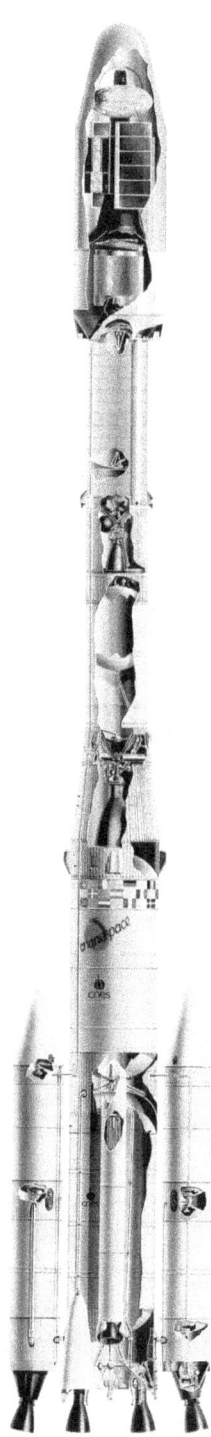

Abbildung 43: Aufbau der Ariane 44LP

Nation	Beteiligung
Frankreich	57,0 %
Deutschland	18,2 %
Belgien	4,6 %
England	3,7 %
Niederlande	1,1 %
Spanien	2,0 %
Italien	7,0 %
Schweiz	1,75 %
Schweden	1,2 %
Dänemark	0,2 %
Irland	0,1 %

Der Einsatz

Der Erstflug der Ariane 4 erfolgte am 15.6.1988 mit V22. Beim Jungfernflug wurden gleich drei Nutzlasten gestartet: Der Kommunikationssatellit PAS 1, der Wettersatellit Meteosat 3 und der Amateur-Funksatellit Amsat Phase IIIC. Diese profitierten von einem besonders günstigen Start, da dieser Start als Erprobungsflug galt. Zum Einsatz kam die Ariane 44LP. Dieses Modell war durch zwei verschiedene Booster das mit der umfangreichsten Vorbereitung und dem komplexesten Startablauf.

Die Ariane 4 bot zwei wichtige Vorteile gegenüber der Ariane 3. Zum einen waren die Kosten pro Kilogramm Nutzlast geringer, da die Fertigungspreise weniger stark anstiegen als die Nutzlast. Der zweite Vorteil war, dass nun eine zur Nutzlast passende Version der Rakete eingesetzt werden konnte. Dies ermöglichte es Arianespace, von Anfang an attraktive Preise anzubieten. So wurden für 1985 folgende Kosten genannt:

- 25 bis 30 Millionen Dollar für eine PAM-D Nutzlast (1.200 kg) - bei Ariane 3 kostete diese noch 34 Millionen.
- 45 Millionen Dollar für eine PAM-D2 Nutzlast (1.850 kg) (Ariane 3: 60-67 Millionen Dollar)
- 60 Millionen Dollar für einen Intelsat VI Start (4.330 kg)

Schon 1989 war Arianespace so überzeugt von der Ariane 4, dass ein Großauftrag von 50 Trägern und 116 Flüssigboostern an die europäische Industrie vergeben wurde. Die hohe Stückzahl erlaubte es, die Kosten pro Träger weiter zu senken. Der Auftrag hatte einen Umfang von 5,4 Milliarden DM (3 Milliarden Dollar) und teilte sich wie folgt auf:

- 26 Stück Ariane 42P
- 8 Stück Ariane 44P
- 2 Stück Ariane 44LP
- 14 Stück Ariane 44L

Mit diesem Fertigungslos war eine Reduktion der Produktionskosten um 25% verbunden. Der durchschnittliche Startpreis sollte von 85 auf 60 Millionen Dollar sinken. Man glaubte damals, der Umfang dieses Loses würde bis zur Indienststellung der Ariane 5 reichen. Doch nachdem der Space-Shuttle keine kommerziellen Starts mehr durchführen durfte, waren die Raketen aus diesem Los innerhalb von nur sechs Jahren verbraucht. Es mussten danach noch zweimal Nachbestellungen aufgegeben werden.

Der Start einer Ariane 4 wurde vor dem Erstflug mit 433 (Ariane 40) bis 530 Millionen Franc (Ariane 44L) taxiert. Da die 44L Version aber mehr als die doppelte Nutzlast der Ariane 40 transportierte, lag Arianespace daran, möglichst viele Ariane 44L zu starten. Das war natürlich abhängig von der zeitnahen Anlieferung zweier Satelliten. In der Regel klappte diese Bündelung von Nutzlasten, und in der ersten Dekade von 1988 bis 1997 waren Doppelstarts von Satelliten die Regel. Später wurden die Satelliten in zunehmendem Maße zu schwer für Doppelstarts. Der Startpreis stieg auch durch die Inflation an und lag am Schluss bei 115 Millionen Dollar für eine Ariane 44L.

Eine eigene Startversicherung mit günstigeren Sätzen als für andere Träger wurde angeboten. Auch dadurch konnte der Systempreis (einschließlich der Versicherung) attraktiv gestaltet werden.

Die Fehlstarts

Ariane 4 ist insgesamt erfolgreicher gewesen als alle ihre Vorgängermodelle. Bei insgesamt 116 Starts gab es nur drei Fehlstarts; Ihre Zuverlässigkeit lag also weit über dem anvisierten Wert von 95 %.

Der erste Fehlstart (Flug V36) war mysteriös. Die Ursache war ein Putzlappen, der in einer Wasserleitung in der ersten Stufe steckte. Er verstopfte den Zufluss für ein Triebwerk. 6,2 s nach dem Start fiel der Druck in Triebwerk D der Erststufe von 58,5 auf 30 Bar. Die Triebwerke A und C wurden daraufhin 8,5 s lang um 1,2 Grad gedreht, um den Schubverlust auszugleichen. Mit steigenden aerodynamischen Lasten wurde der Korrekturausschlag der anderen Triebwerke immer größer. Nach 90 s erreichten sie das Maximum. Danach konnte die Rakete nicht mehr in die aerodynamisch günstigste Lage gedreht werden. Elf Sekunden

Abbildung 44: Ariane 44P (oben) und 44L (unten) heben ab © der Fotos: ESA

später gab es Brüche in der Struktur, und die Selbstzerstörung wurde initiiert. Die beiden japanischen Satelliten Superbird B und BS-2X im Wert von 430 Millionen Dollar gingen verloren. Die Trümmer konnten in Französisch-Guayana geborgen werden und ermöglichten es die Ursachen heraus zu finden.

Die französische Zeitung „Le Monde" vermutete Sabotage. In der ganzen Produktion wurden anstelle von Stofftüchern nur Spezialpapiere benutzt. Zudem war das Tuch zweimal geknotet. Während der Weihnachtspause 1989/90 war die erste Stufe praktisch unbeaufsichtigt in einer Halle in Guayana gestanden.

Es war auch eine zweite Anomalie aufgetreten, die aber nicht verantwortlich für den Fehlstart war. In einem der PAL-Booster (PAL 3) brach 2,4 s nach der Zündung ein Feuer aus. Dieses wurde von einem Treibstofffleck verursacht. Ebenso gab es eine undichte Stelle an der Brennkammer von PAL 3. Dieses kumulierte Auftreten beider Fehler parallel bei einem einzigen Start war schon sehr seltsam, zumal dies die einzigen Probleme mit einem PAL oder der Erststufe seit L02 waren und auch bleiben sollten. Die statistische Wahrscheinlichkeit dafür lag bei 1 zu 9.200.

Die CNES-Untersuchungskommission konnte aber keinen Verursacher dingfest machen. Seitdem überwacht aber die Fremdenlegion den Startplatz Kourou bei anstehenden Starts. Im weiteren werden nun alle Leitungen auf freie Durchlässe überprüft. Dies erfolgt bei größeren Teilen durch Tennis- und Golfbälle, bei dünneren Leitungen endoskopisch.

Bei den Flügen 63 und 70, dem 35. und 42. Start einer Ariane 4, kam es wieder zu Fehlstarts. Der Grund war, dass die Treibstoffpumpe der dritten

Stufe zu wenig Leistung erbrachte. Am 24.1.1994 versagte bei V63 die Sauerstoff-Turbopumpe 80 s nach Zündung der dritten Stufe. Bereits 60 s nach der Zündung zeigte sich eine Erhitzung der Pumpe, 19 s später sanken die Geschwindigkeit und Förderleistung, und der Brennkammerdruck fiel ab. Eine Sekunde später schaltete sich die Pumpe ab. Die Satelliten Turksat 1 und Eutelsat 2 F5 versanken im Atlantik.

Schon am Ende desselben Jahres scheiterte erneut eine Ariane. Bei V70 entwickelte der Gasgenerator der dritten Stufe eine zu geringe Leistung, sodass der Schub des HM-7B nur 70% des Nominalwerts betrug. So hatte die H10-III nach 740 s noch 700 kg Treibstoff an Bord, und die Bahn war durch den zu niedrigen Schub zu tief. Der Satellit PanAmSat 3 verglühte in der Atmosphäre.

Beide Vorfälle wurden untersucht. Sie schienen eine gemeinsame Ursache zu haben. Eine Verschmutzung, die bis zur LOX-Turbopumpe gelangte, konnte sowohl die erhöhte Reibung bei der LOX-Turbopumpe als auch die zu geringe Leistungsabgabe erklären. Als Reaktion darauf wurden nun Filter in die LOX-Treibstoffleitung eingebaut und die Inspektionen der dritten Stufe verstärkt. Es gab keinen Hinweis darauf, dass die konstruktiven Änderungen bei der H10-III, deren erster Flug V70 war, etwas mit dem Problem zu tun hatten. Es blieb auch ungeklärt, wie eine solche Verschmutzung in die dritte Stufe oder in die Leitungen hatte kommen können.

Das Vertrauen in die Ariane zeigte sich auch darin, dass Ariane 4 schnell wieder flog. Nach V63 machte sie noch fünf Monate Pause, nach V70 waren es weniger als vier Monate. Danach gingen die Starts im Monatsabstand weiter.

Die Gründe für den Erfolg

Nach V70 gab es keinen Fehlstart mehr. Ariane 4 hält mit 74 Starts von 1995 bis 2003 den Rekord an erfolgreichen Starts eines Trägers in Folge. Für den Erfolg von Ariane 4 waren auch noch andere Gründe verantwortlich:

- Arianespace zeigte große Flexibilität und Hinwendung zum Kunden. So konnte Arianespace schon Kunden mit der sehr kurzfristigen Bereitstellung eines Trägers gewinnen. Der bisherige Rekord war der Start von GE-4 mit V123, der innerhalb von dreieinhalb Monaten nach Vertragsunterzeichnung erfolgte. Angesichts der üblichen Zeitspanne von zwei Jahren zwischen Vertragsunterzeichnung und Start war dies sehr beeindruckend. Auch bei Problemen mit der Anlieferung von Satelliten schaffte es Arianespace immer, den Startplan innerhalb eines Jahres wieder aufzuholen, auch wenn am Schluss die Raketen in Abständen von 20 Tagen starteten.

- Ein weiterer Vorteil war die Lage des Startgeländes. Kourou liegt bei 5,2 Grad nördlicher Breite, während zum Vergleich Cape Canaveral bei 28,8 Grad und Baikonur bei 51 Grad liegt. Die geostationären Satelliten müssen aber in eine Bahn um den Äquator gelangen. Die Satelliten benötigten also nach einem Start von Kourou aus zur Anpassung ihrer Bahn auf 0 Grad Breite weniger Treibstoff. Dies schlug sich in einer um ein halbes Jahr verlängerten Lebensdauer nieder, da der eingesparte Treibstoff für die Lageregelung verwendet werden konnte. Die Ariane konnte aber auch darum mehr Nutzlast transportieren, weil die Erde am Äquator schneller als in höheren Breiten rotiert.

- Solange die Ariane zwei Nutzlasten auf einmal transportieren konnte, waren die Kosten für einen Kunden wesentlich geringer als bei anderen Trägern. Vor allem bei der Atlas und Delta musste für die Start-Dienstleistung ein Fixpreis bezahlt werden, egal ob der Kunde die Kapazität der Rakete voll ausnutzte oder nicht. Leider wurden die Satelliten aber im Laufe der Zeit immer schwerer, und auch Arianespace musste in den letzten Jahren des Einsatzes der Ariane 4 vermehrt Einzelstarts ansetzen.

- Ariane war ein sehr präziser Träger. Eine vorher festgelegte Bahn wurde meist mit sehr hoher Präzision erreicht. Dadurch konnte die Anzahl der notwendigen Kurskorrekturen seitens des Satellitenbetreibers verringert werden. Die Folge war eine längere Lebensdauer des Satelliten, die von den vorhandenen Treibstoffreserven bestimmt wird.

Ursprünglich sollte die Ariane 4 insgesamt 71 Starts absolvieren und dann durch die Ariane 5 ersetzt werden. Schon vor dem Jungfernflug des Nachfolgemodells zeigte sich, dass dieser Zeitplan nicht zu halten war. So mussten weitere sieben Ariane geordert werden.

Nach dem fehlgeschlagenen Erststart der Ariane 5 kamen dann weitere Bestellungen von zuerst 14, später dann von weiteren 20 Raketen dazu. Zuletzt wurden es somit 116 Trägerraketen.

Damit konnte die Ariane 4 den hohen Marktanteil von Arianespace bei kommerziellen Starts halten, als sich die Einführung der Ariane 5 verzögerte. Er lag seit Ende der achtziger Jahre bei über 50 %, lange Zeit auch bei 55 – 60% aller frei ausgeschriebenen Starts. In ein um so tieferes Loch fiel Arianespace, als später auch der Erststart der Ariane 5 ECA missglückte. Damals gab es nur noch zwei Ariane 4 und vier Ariane 5G in den Produktionsstraßen. Die Ariane 4 war nach Angaben von Arianespace zu teuer geworden. Das lag nicht so sehr an den absoluten Kosten, sondern an einer neu entstandenen Konkurrenz: Russische und chinesische Trägerraketen drängten nun auf den Markt.

Die Konkurrenten

Nachdem der Space-Shuttle aufgrund des Challenger Unglücks keine kommerziellen Nutzlasten mehr transportieren durfte, verlor Ariane 4 ihren größten Konkurrenten. Ein Delta Start kostete z.B. 53 Millionen Dollar, während Arianespace ihn für 25 bis 30 Millionen Dollar anbot. Martin Marietta verlangte 150 Millionen Dollar für einen Flug der Titan. Dieselbe Nutzlast wurde von Arianespace für 84 Millionen Dollar in den Orbit gebracht. Weiterhin verbrachte die Titan 110 Tage auf der Startplattform. Eine Delta II noch 66 Tage. Demgegenüber waren es bei der Ariane 4 weniger als drei Wochen. 1987 gab es auch die ersten Versuche aus Russland ihre Trägerraketen im Westen anzubieten. Für eine Proton wurden nur 25 Millionen Dollar verlangt, weniger als ein Drittel des Preises einer Ariane. Doch verhinderten die COCOM-Bestimmungen den Export von westlicher Hochtechnologie in die UdSSR.

Der wichtigste Konkurrent war lange Zeit die Atlas von Lockheed-Martin, die es in mehreren Versionen gab. Sie konnte zwischen 2.200 und 3.600 kg in einen Orbit befördern. Die Startkosten waren mit der Ariane 4 vergleichbar. Es fehlte ihr aber die Fähigkeit Doppelstart durchzuführen, der Startpreis war fix und nicht an das Gewicht der Nutzlast angepasst und die Ariane 44LP und 44L hatten eine höhere Nutzlast. Um die Nutzlast zu steigern und die Produktionskosten zu senken, erweiterte Lockheed-Martin die Atlas mit russischen Triebwerken zur Atlas 3 und Atlas V.

Russische und chinesische Träger wurden erst rund zehn Jahre später zu einer starken Konkurrenz. Für zwei Jahre stellte die Ariane 4 sogar den einzigen, kurzfristig verfügbaren Träger dar, denn die ersten privat vermarkteten Starts von Delta, Atlas und Titan fanden erst im Jahr 1990 statt. Vor allem die Vermarktung der russischen Proton und Zenit in Zusammenarbeit mit westlichen Firmen wurde aber dann eine ernste Bedrohung für Arianespace. Dadurch konnte der Preisvorteil der Fertigung in Russland mit der Erfahrung von Lockheed-Martin bzw. Boeing kombiniert werden.

Russland bekam zuerst die Erlaubnis eine begrenzte Anzahl von Satelliten mit US Technologie starten zu dürfen. Diese Beschränkung fiel weg, als US Firmen mit den russischen Herstellern die Träger im Westen vermarkteten. Lockheed-Martin (entstanden durch Fusion mit Martin-Marietta) vermarktete zusammen GKNPZ Chrunitschew die Atlas und Proton im Westen. Dazu wurde das Gemeinschaftsunternehmen ILS (**I**nternational **L**aunch **S**ervices) gegründet.

Boeing ging mit RKK Energija, KB Juschnoje und Aker Kvaerner eine Kooperation ein und gründete das Unternehmen Sea Launch, welches die Zenit von einer mobilen Plattform (einer umgebauten Ölbohrplattform) startet. Die Zenit konnte dadurch auch am Äquator starten, ein Vorteil, den bisher nur Ariane hatte. Die Proton startete von Baikonur aus, die Bahnen hatten daher eine hohe Inklination. Um energetisch gleichwertige Bahnen (man benötigt dieselbe Energie um eine GEO Bahn zu erreichen wie bei einem Start von Kourou aus) anzubieten musste die Proton den erdnächsten Punkt auf 5000 km anheben, wodurch ihre Nutzlast reduziert wurde. Die Einführung einer neuen Oberstufe (Breeeze-M) bei der Proton M hob daher die Nutzlast deutlich an. Sie ermöglichte mehrere Zündungen nahe des Perigäums. Dies ist energetisch günstiger als das Anheben in einem Manöver.

Auch China konnte Ende der neunziger Jahre einige Starts ergattern. Die Träger wurden zu einem Bruchteil des Startpreises westlicher Muster angeboten. Erstaunlicherweise gab es hier keine Bedenken wegen der COCOM-Bestimmungen. Mehrere Fehlstarts durch chinesische Trägerraketen und die sich verschlechternden Beziehungen zwischen den USA und China führten dazu, dass von 1999 bis 2008 China keine Satelliten mit US Technologie mehr starten konnte. Pünktlich zu den Olympischen Spielen 2008 wurde dieses Verbot aufgehoben und China hat auch schon erste Startaufträge akquiriert.

Die japanische H-2 wurde als Konkurrent zur Ariane 4 entwickelt. Doch der japanischen Raumfahrtindustrie gelang es nicht, die Trägerrakete preiswert zu produzieren. Dazu kamen Einschränkungen in den Startfenstern durch ein sehr altes Abkommen mit der Fischereiindustrie. Dadurch waren nur während sechs Monaten pro Jahr Starts überhaupt möglich, da sonst kein Schiff sich im Flugpfad aufhalten dürfte. Das Nachfolgemodell H-2A verwendet die Technik der H-2A ersetzte aber zahlreiche Teile durch billiger zu produzierende Komponenten und griff auch auf ausländische Zulieferer zurück. So produziert MT Aerospace in Deutschland die Tankdome und Thiokol in Amerika die Booster. Damit gelang es auch einen ersten kommerziellen Start zu akquirieren, jedoch erst nachdem die Ariane 4 ausgemustert wurde.

Nachdem es nicht gelang, einen höheren Startpreis für die Proton mit Chrunitschew zu vereinbaren, zog sich Ende 2006 Lockheed-Martin aus ILS zurück und bietet die Atlas nicht mehr aktiv auf dem freien Markt an. Da die NASA und das Verteidigungsministerium nur US-Trägerraketen nutzen, konzentrierte sich das Unternehmen fortan auf den amerikanischen Markt.

Boeing verlor Marktanteile, weil die Delta 2 zu klein für die meisten Nutzlasten war. Der Versuch, mit der Delta-III die Nutzlast mit einer neuen Oberstufe zu steigern, war nicht von Erfolg gekrönt. Von drei Starts misslangen die ersten beiden, und der Letzte erreichte nur einen zu niedrigen Orbit. Die Delta-IV, mit einer völlig neu entwickelten Erststufe und einem variablen System von Boostern, konnte wie die Atlas-V nur einen kommerziellen Kunden gewinnen. Er bekam den Jungfernflug zu einem stark reduzierten Startpreis. Auch Boeing konzentriert sich inzwischen ausschließlich auf den US-Markt.

Europas Antwort auf die neue Konkurrenz sollte die Ariane 5 sein. Sie wird im zweiten Band dieses Buchs über europäische Trägerraketen eingehend besprochen.

Eine Zeit lang gab es die Hoffnung die Ariane 4 noch einige Zeit weiter bauen zu können: Mitte der neunziger Jahre wurden zwei Systeme aufgebaut, die auf zahlreichen kleinen Kommunikationssatelliten in erdnahen Bahnen basierten. Motorolas Iridium Netz setzte 77 Satelliten ein, das Globalstar-Netzwerk 48 Satelliten. Diese Satelliten waren mit einem Startgewicht von unter einer Tonne waren für eine Ariane 5 zu klein. Weitere ähnliche Projekte waren angekündigt. Doch beide Unternehmen fanden nicht genügend Kunden, die bereit waren, für den Luxus überall auf der Welt mittels Satellit und Mobiltelefon erreicht zu werden, die entsprechend hohen Gesprächsgebühren zu bezahlen. Iridium ging in die Insolvenz und wurde vom US-Verteidigungsministerium übernommen. Globalstar geriet in eine Finanzkrise, von der sich die Firma erholen konnte. Andere geplante Systeme wurden angesichts dieser Erfahrungen aber eingestellt. So lief, nachdem die Ariane 5 ihre Testflüge hinter sich hatte und die Startfrequenz anstieg, die Produktion der Ariane 4 langsam aus, bis schließlich am 15.2.2003 eine Ariane 4 zum 116.ten und letzten Start abhob.

Bei der folgenden Tabelle ist zu beachten, dass der Startpreis nicht nur von der Nutzlast sondern auch dem Zeitpunkt abhängt. Ein Ariane 44L Start kostete 1988 z.B. noch 84 Mill. $ Und stieg bis auf 115 Mill. $ im Jahr 2003 an, anlog dem allgemeinen Preisanstieg.

Trägerrakete	Einsatz	GTO-Nutzlast	Startpreis
Delta 2	1990-heute	1.819-2.217 kg	50-85 Mill. $
Delta 3	1998-2000	3.810 kg	85 Mill. $
Delta 4M	2002-heute	4.500-7.400 kg	>138 Mill. $
Commercial Titan	1990-1992	4.645 kg	150 Mill. $
Atlas I	1983-1997	2.255 kg	59-68 Mill. $
Atlas II/IIA	1991-2002	2.620-2.900 kg	85-90 Mill. $
Atlas IIAS	2000-2003	4.037 kg	105 Mill. $
Atlas 3	2000-2004	4.117-4.500 kg	105 Mill. $
Atlas V	2003-heute	4.950-8.700 kg	90-190 Mill. $
Proton K	1996-2006	4.350 kg	90-98 Mill. $
Proton M	2001-heute	5.645 kg	112 Mill. $
Zenit 3SLB	1999-heute	6.000 kg	90 Mill. $
Langer Marsch 2E	1990-1995	3.400 kg	50 Mill. $
Langer Marsch 3B	1996-heute	4.850 kg	60 Mill. $
H-2	1994-1999	4.000 kg	190-227 Mill. $
H-2A	2001-heute	3.700-5.800 kg	88-120 Mill. $
Ariane 44L	1988-2003	4.330-4.950 kg	84-115 Mill. $

Abbildung 45: Startfotos (im Uhrzeigersinn) der Ariane 40, 42P, 42LP und 42L © der Fotos ESA / Arianespace

Die Ariane 4 Familie

Die Ariane 4 bestand aus einer Basis-Trägerrakete, die bei allen Versionen identisch war. Zwei Typen von Boostern lieferten beim Start mehr Schub und ermöglichten erst die volle Betankung der ersten Stufe. Je nach Art und Anzahl der Booster konnten sechs Modelle unterschieden werden:

- Ariane 40   ohne Booster
- Ariane 42P   mit zwei Feststoffboostern (P: Poudre, französisch für Pulver)
- Ariane 44P   mit vier Feststoffboostern
- Ariane 42L   mit zwei Boostern mit flüssigem Treibstoff (L: Liquide, französisch für flüssig)
- Ariane 44L   mit vier Boostern mit flüssigem Treibstoff
- Ariane 44LP   mit zwei Boostern mit flüssigem Treibstoff und zwei Feststoffboostern

Die Treibstoffzuladung und die Brennzeit der ersten Stufe orientierten sich an der jeweiligen Version der Ariane 4. Die unterschiedliche Treibstoffzuladung für die verschiedenen Versionen war durch die Verlängerung der Erststufe notwendig geworden.

Bei Ariane 1 bis 3 wog diese Stufe noch 160 t. Die Triebwerke konnten die bis zu 245 t schwere Rakete ohne Probleme „anheben". Eine voll betankte Ariane 4 konnte ohne Booster aber bis zu 310 t wiegen, also mehr als der Startschub der vier Viking-Triebwerke betrug! Daher mussten die Versionen Ariane 40, 42L und 42P auf einen Teil der möglichen Treibstoffladung verzichten.

Je nach eingesetzter dritter Stufe gab es noch die Versionen H10, H10 Plus und H10-III zu

Abbildung 46: Die Ariane 44P (oben) und Ariane 44L (unten) © der Fotos: ESA

unterscheiden. Die folgende Tabelle informiert über die maximalen Nutzlastmassen der einzelnen Subversionen:

Typ	Oberstufe H10	Oberstufe H10 Plus	Oberstufe H10-III	Startgewicht	Startschub
Ariane 40	1.900 kg	2.150 kg	2.290 kg	240 t	2.720 kN
Ariane 42P	2.800 kg	2.900 kg	2.986 kg	320 t	4.160 kN
Ariane 42L	3.200 kg	3.450 kg	3.590 kg	362 t	4.060 kN
Ariane 44P	3.000 kg	3.250 kg	3.530 kg	355 t	5.600 kN
Ariane 44LP	3.700 kg	3.960 kg	4.310 kg	420 t	5.500 kN
Ariane 44L	4.330 kg	4.580 kg	4.950 kg	470 t	5.400 kN

Wie bereits die Ariane 1 bis 3 war die auch die Ariane 4 für den Einsatz in den geostationären Orbit optimiert. Die folgende Tabelle informiert über die Nutzlasten in andere Orbits. Schwerere Nutzlasten als 7.000 kg hätten eine strukturelle Verstärkung der Rakete erfordert.

Typ	SSO 800 km Höhe	LEO 200 km Höhe, 60 °	Fluchtgeschwindigkeit
Ariane 40	2.846 kg	4.347 kg	
Ariane 42P	3.844 kg	5.667 kg	
Ariane 42L	4.813 kg	6.833 kg	2.120 kg
Ariane 44P	4.563 kg	6.670 kg	2.080 kg
Ariane 44LP	5.663 kg	7.964 kg (*)	
Ariane 44L	6.485 kg	8.987 kg (*)	3.277 kg

(*) strukturelle Verstärkung der Rakete notwendig.

Die Nutzlast wurde neben den verschiedenen Oberstufen auch durch Optimierung und Reduktion der Reserven angehoben. Optimierungen betrafen die Aufstiegsbahn und die Einführung leichterer Materialien in der Produktion. Die Reduktion von Reserven betraf die Restmengen an Treibstoff und die stärkere Füllung der Tanks. (Da alle Tanks unter Druck standen, waren sie nie zu 100 Prozent gefüllt).

So hatte die erste Version der Ariane 44L mit der H10-III Oberstufe noch eine maximale Nutzlast im Jahre 1995 von 4.590 kg. Optimierungen der Bahn und die Reduktion der Reserven steigerten diese auf 4.950 kg. Sogar 5.000 kg schienen erreichbar.

Die folgende Aufstellung gibt einen Überblick über die wichtigsten Einsatzbereiche der Ariane 4 Varianten:

- Die Ariane 40 transportierte ausschließlich Nutzlasten wie die ERS 1 und 2 Erdbeobachtungssatelliten und die Helios-Spionagesatelliten in einen erdnahen Orbit. Hier kam auch am häufigsten die Plattform ASAP für Sekundärnutzlasten zum Einsatz. Die typische Startmasse einer Ariane 40 lag bei 240 bis 245 t. Die Nutzlast für einen sonnensynchronen Orbit (SSO) betrug 2.700 bis 3.000 kg.

- Die Ariane 42P kam vorwiegend bei einzelnen Starts schwerer Kommunikationssatelliten zum Einsatz, für die sich kein leichter, zweiter „Passagier" fand, daneben aber auch für Flüge in den erdnahen Orbit. Die Startmasse lag bei 318 bis 323 t. Für den Transport in den SSO betrug die Nutzlast 3.000 bis 4.000 kg.

- Die Ariane 44P kam wie alle folgenden Modelle bei Einzel- und Doppelstarts von Satelliten in den geostationären Orbit zum Einsatz. Ihre Startmasse betrug 355 bis 358 t.

- Die Ariane 42L wurde nur selten eingesetzt. Das lag daran, dass die Nutzlast dieser Rakete nahe am Modell 44P lag, welches aber kostengünstiger in der Produktion war. Diese Version absolvierte auch als letzte erst im Mai 1993, fünf Jahre nach dem Jungfernflug ihren ersten Flug. Die Startmasse lag bei 361 bis 381 t.

- Die Ariane 44LP war in der Anfangszeit des Programms das populärste Modell, wurde dann aber von der Ariane 44L abgelöst, als die geforderten Nutzlastmassen für geostationäre Satelliten anstiegen. Die Startmasse lag bei 417 bis 421 t.

- Die stärkste Version Ariane 44L wurde mit 40 Starts mit Abstand am häufigsten eingesetzt, ganz einfach weil es ökonomischer ist, eine große Rakete zu nutzen als eine kleinere. Die Startmasse lag bei 475 bis 482 t.

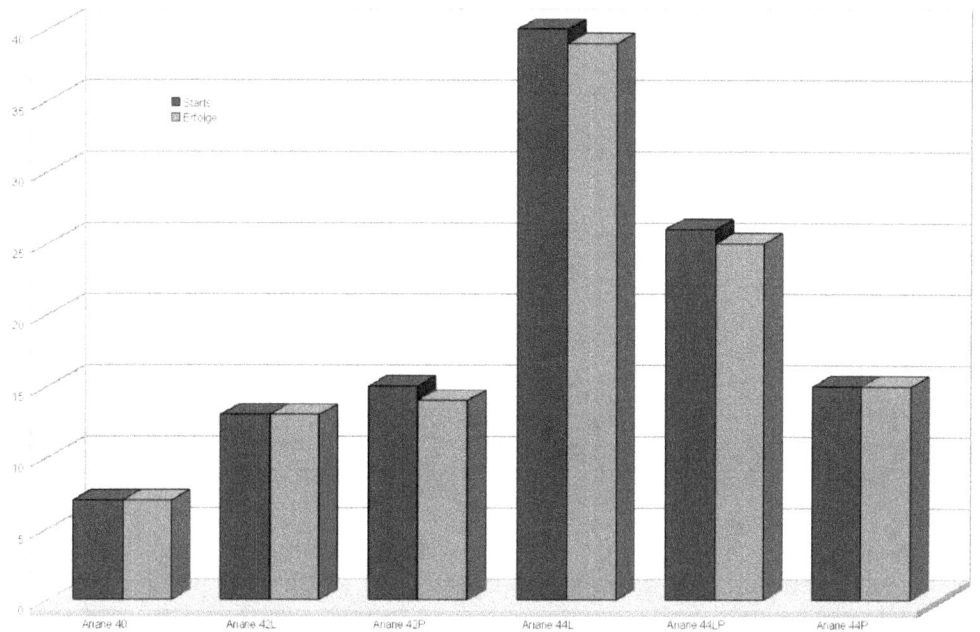

Abbildung 47: Produktionszahlen und erfolgreiche Starts der einzelnen Ariane 4 Modelle

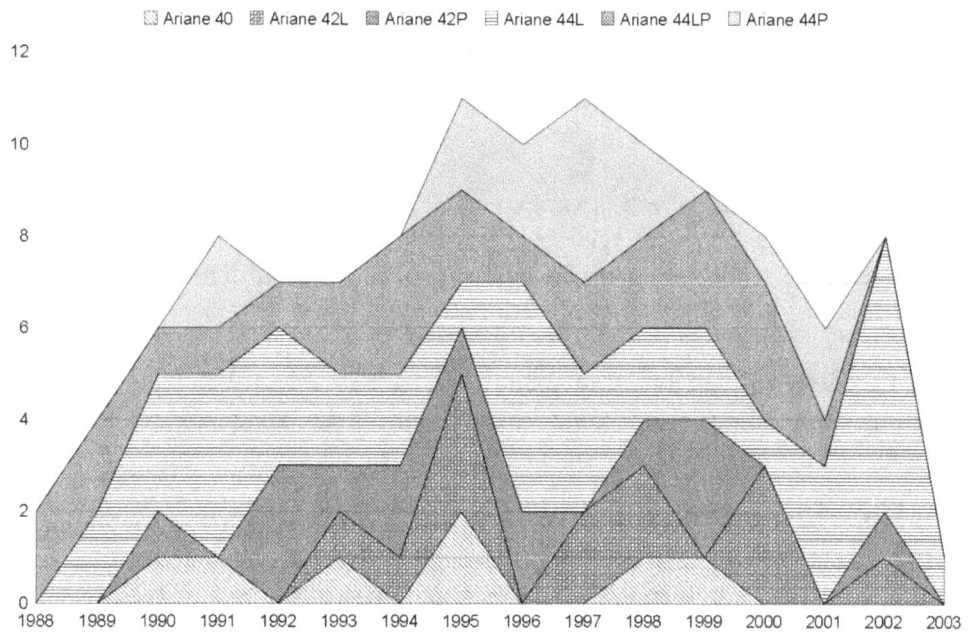

Abbildung 48: Starts der Modellvarianten über den Einsatzzeitraum

Die Gesamtbilanz

Es folgt eine Gesamtbilanz aller Ariane 4 Starts:

	Ariane 40	Ariane 42P	Ariane 42L	Ariane 44P	Ariane 44LP	Ariane 44L
Starts:	7	15	13	15	26	40
Erststart:	V35 (22.1.1990)	V40 (20.11.1990)	V56 (12.5.1993)	V43 (4.4.1993)	V22 (22.6.1988)	V31 (5.6.1989)
Letzter Start:	V124 (3.12.1999)	V151 (4.5.2002)	V147 (23.1.2002)	V144 (25.9.2001)	V146 (27.11.2001)	V158 (15.2.2003)
Schwerste Nutzlast:	SPOT 4 (2.755 kg)	SPOT 5 (3.000 kg)	Galaxy 4R (3.668 kg)	Turksat 2A (3.535 kg)	DirecTV 4S (4.675 kg)	AFRISTAR & GE-5 (4.936 kg)

Insgesamt wurden 186 Satelliten mit 116 Trägern vom Typ Ariane 4 gestartet. Die Gesamtmasse aller Nutzlasten betrug 415.967 kg oder 3.585 kg im Durchschnitt pro Start. Die folgende Tabelle informiert über die Investitionen der ESA in das Ariane 1-4 Programm.

Programm	Von ... bis	Kosten MAU (1983)
Ariane 1	1973 – 1980	780
Ariane 2 und 3	1978 – 1982	83
Ariane 4	1981 – 1986	207
Gesamt:	**1979 – 1986**	**1.070**

Dies entspricht einer Investition von etwa 2,0 Milliarden Euro unter den ökonomischen Bedingungen des Jahres 2005. Im Vergleich dazu wurde das Nachfolgemodell Ariane 5 erheblich teurer. Es kostete den europäischen Steuerzahler bis zum Jahr 2009 etwa 8,0 Milliarden Euro.

Alle akquirierten Startaufträge bis zum Jahr 2000 umfassten eine Summe von 12.2 Milliarden Euro. Diese Bilanz zeigt, dass die Investition in die Ariane 1 bis 4 auch ökonomisch sinnvoll war.

Bis zu 12.000 Personen arbeiteten in Europa direkt oder indirekt an der Fertigung der Ariane 4. Das erfolgreichste Jahr für Arianespace war 1998, als 14 Satelliten gestartet wurden, was einen Umsatz von 1.070 Millionen Euro generierte.

Abbildung 49: Ariane 40 (oben links), 42L (oben rechts), 44LP (unten links) und 42P (unten rechts) © der Fotos: ESA

Ariane 4 – die Rakete

Bei der Ariane 4 gab es gegenüber dem Basismodell weitaus mehr Änderungen als bei der Ariane 2 und 3. Sie basierte jedoch noch immer auf der Technologie der Ariane 1.

Kein anderer Träger setzte das „Baukastenprinzip" so konsequent und erfolgreich um. So basieren sechs unterschiedliche Subtypen mit vier verschiedenen Stufen auf nur zwei Varianten von Triebwerken. Die Reduktion auf wenige, elementare Bauteile, die dann in größeren Stückzahlen gefertigt wurden, machten die Ariane 4 so erfolgreich auf dem Weltmarkt.

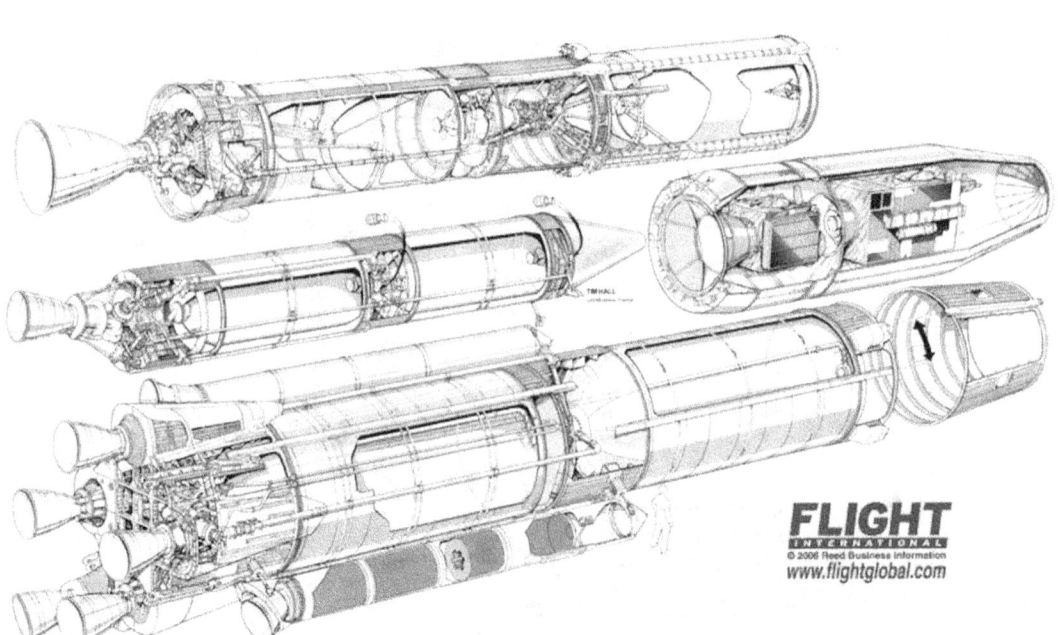

Abbildung 50: Ariane 4 - innerer Aufbau. Von oben nach unten: L33, H10 (links) Nutzlastverkleidung (rechts) und erste Stufe mit Boostern © der Grafik: Flightglobal.com

Die erste Stufe L220

Die erste Stufe durchlief einige Änderungen. Das Auffälligste an der Konstruktion war die Verlängerung der Stufe, wodurch mehr Treibstoff mitgeführt werden konnte. Die Bezeichnung L220 stand für die ursprüngliche Planung mit 220 t Treibstoff. Wie bei der Ariane 2 und 3 wurden NTO und UH25 als Treibstoff eingesetzt. Das Mischungsverhältnis betrug 1,70 Teile NTO zu 1 Teil UH25. Die Treibstoffzuladung war abhängig vom Modell und wurde durch zwei Bedingungen festgelegt: Zum einen musste die Rakete beim Start noch mit mindestens 1.2 g beschleunigen. Das limitierte die Treibstoffzuladung für die Modell Ariane 40 und 42L. Für die Modelle mit PAP galt eine zweite Bedingung: Auch nach deren Ausbrennen nach nur 42 s musste die Beschleunigung noch über 1.0 g liegen.

Bei der ersten Stufe verlängerte man einfach die zylindrischen Teile der Tanks. Sie bestanden nun aus sieben statt vier Stahlteilen. Jeder Tank hatte ein Volumen von 114 m³.

Die Viking-5C Triebwerke entstanden aus den Viking-5 Antrieben der Ariane 3. Sie mussten aber für eine längere Brennzeit neu qualifiziert werden. So wurde der Düsenhals mit einem kohlenstoffhaltigen Material verstärkt. Dieses wurde dann beim Betrieb der Triebwerke langsam abgetragen. Dasselbe galt für die Lager der Turbopumpen.

Die neuen Anforderungen entsprachen jedoch nur einer kleinen Änderung, da schon die Viking-5B Triebwerke für eine Betriebszeit von 180 s qualifiziert waren. Nun musste nur noch eine Requalifikation für mindestens 206 s Brenndauer erfolgen.

Schon im November 1984 begann die Qualifikation der ersten Stufe mit einem Testlauf aller vier Triebwerke. Das Schubgerüst musste überarbeitet werden, da es nun auch die Kraft der Booster aufnahm. Der verstärkte Teil mit der Anbindung zum Boden wurde um 1,2 m nach unten verlagert und die Verbindung zu den Halteklammern der Startrampe überarbeitet.

Die zweite Änderung entsprach einem neuen Tank für das Wasser, das für die Gasgeneratoren benötigt wurde. Ariane 1 bis 3 hatten noch einen ringförmigen Tank eingesetzt, der am Schubgerüst befestigt war. Bei Ariane 4 befand sich der Wassertank als Dom auf dem unteren UH25 Tank. In einem 310 kg schweren Tank mit einem Volumen von 8.200 l wurden nominal 6.700 l Wasser mitgeführt. Die Menge orientierte sich an der Mission. Gleichzeitig speiste der Wassertank auch die Gasgeneratoren der PAL-Booster.

Der Tank mit einer Wandstärke von stellenweise nur 1 bis 3 mm Dicke wurde von MAN gefertigt. Seine leichte Konstruktion sparte 40 Prozent an Gewicht ein. Die Verlagerung nach oben wurde nötig wegen der Versorgung der PAL-Booster, deren Triebwerke höher als die der ersten Stufe angebracht waren.

Die Tanks für die Treibstoffe waren identisch und je 7,4 m hoch. Sie waren durch ein 2,60 m hohes Verbindungsstück getrennt. Unten befand sich der UH25 Tank, darüber der NTO-Tank. Dazwischen saß der 0,73 m hohe Wassertank. Der Treibstoff wurde durch zwei je 16 cm weite Rohre an der tiefsten Stelle der Tanks zu den Triebwerken geleitet. Jedes Triebwerk hatte einen eigenen Gasgenerator und eigene Versorgungsleitungen für Wasser, UH25 und NTO. Gasgeneratoren, Turbinen und Triebwerke befanden sich im unteren, 2,3 m hohen Schubgerüst.

Am unteren Teil der Stufe befanden sich bei den Versionen Ariane 42L und 44L vier kleine Flügel, sogenannte Fins (Steuerflossen). Sie stabilisierten die Rakete während der ersten Flugphase in der dichten Atmosphäre. Gegenüber der Ariane 1 bis 3 wurden die Flossen bedeutend verkleinert. Bei den Versionen mit PAP Boostern waren keine Fins nötig.

Der Zwischenstufenadapter zwischen erster und zweiter Stufe wurde verstärkt und erhielt wegen der längeren Brenndauer eine thermische Isolation.

L140	
Länge:	25,10 m
Durchmesser:	3,80 m
Trockengewicht:	17.515 kg
Gewicht zu Brennschluss:	18.500-19.500 kg
Treibstoffe: Ariane 40: Ariane 42L: Ariane 42P andere Versionen:	232 t maximal 158 – 172 t 205 – 209 t 219 – 222 t 229 – 232 t
Startgewicht:	< 252 t
Schub:	2.707 kN (Meereshöhe 3.022 kN (Vakuum)
Wasser:	Bis zu 6.700 l
Zwischenstufenadapter:	3,31 m Höhe 2,98 – 3,80 m Durchmesser 470 kg Gewicht
Brenndauer: Ariane 40 Ariane 42L: Ariane 42P andere Versionen:	150 s 181 s 196 s 209 s

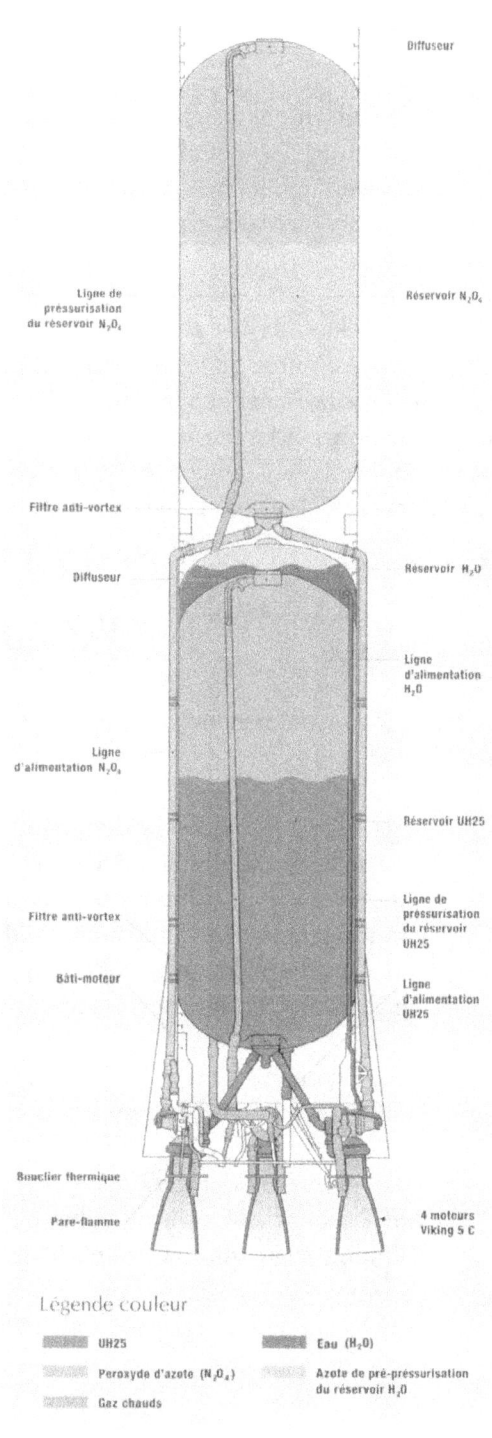

Abbildung 51: Aufrichten der ersten Stufe   Abbildung 52: Funktionsschema L220

Die zweite Stufe L33

Die Änderungen in der zweiten Stufe beschränkten sich auf zwei Maßnahmen. Zum einen auf die Erhöhung der Wandstärke des Tanks um 20 bis 25 %, um die höheren Lasten (schwerere Oberstufe, höhere Nutzlast und größere Nutzlastverkleidung) aufzunehmen. Die zweite Maßnahme war der Einsatz von Verbundwerkstoffen bei den Strukturen, um Gewicht einzusparen.

So hatte der neue Adapter zwischen zweiter und dritter Stufe ein um 63 kg geringeres Gewicht. (226 kg) Weitere 20 kg konnten beim Produktionslos P2 eingespart werden. Leer wog die zweite Stufe zwischen 3,6 und 3,8 t. Sie wurde mit bis etwa 34 bis 35 t Treibstoff betankt. Die genaue Menge orientierte sich dabei nach dem Modell. Die zweite Stufe sollte die Ariane 4 um 2560 m/s beschleunigen. So waren es bei einer Ariane 40 minimal 34.392 kg und bei einer Ariane 44L bis zu 35.545 kg Brennstoff. Die Brenndauer betrug 126 bis 135 s.

Die Viking Triebwerke

Bei der Ariane 4 kamen drei Varianten des bereits vorhandenen Viking-Triebwerks zum Einsatz:

- Das Viking-5 Triebwerk der ersten Stufe mit der genauen Bezeichnung Viking-5C, war eine Abwandlung des bei der Ariane 1 eingesetzten Viking-5 Triebwerks. Für Ariane 2 und 3 entstand daraus das Viking-5B. Es arbeitete mit einem höheren Brennkammerdruck und war auf die Mischung von UH25 (anstatt Hydrazin) mit Stickstofftetroxid umgestellt. Das Viking-5C Triebwerk wurde für 300 s Betrieb qualifiziert. Die Zentralstufe wurde von vier derartigen Triebwerken angetrieben.

- Das Viking-4B Triebwerk in der zweiten Stufe entsprach demjenigen der Ariane 2 und 3. Es gab keine wesentlichen Änderungen.

- Das Viking-6 Triebwerk der PAL-Booster war eine abgewandelte Form des Viking-5B Triebwerks. Es wurde unbeweglich im Triebwerksrahmen befestigt. Die Düsenöffnung zeigte um 10 Grad nach außen.

Eine Übersicht mit den technischen Daten aller Versionen finden Sie auf Seite 41.

Die dritte Stufe H10

Die ersten Ariane 4 übernahmen die H10 Oberstufe unverändert von den beiden vorhergehenden Ariane Modellen. Diese Stufe brannte 720 s lang. Die Stufe wurde aber im Laufe des Einsatzzeitraums der Ariane 4 verlängert, um mehr Treibstoff mitführen zu können. Gleichzeitig erfolgte eine Anpassung an ein höheres, strukturelles Limit von zunächst 5.000 kg, später bei der H10-III von 7.000 kg.

Mit dem 22. Start einer Ariane 4 (Flug 50) wurde eine verlängerte Oberstufe eingeführt, bei der die Treibstofftanks um 32 cm verlängert wurden. Der Wasserstofftank wurde um 28 cm und der Sauerstofftank um 4 cm verlängert. Anstatt 10,7 t konnte diese Stufe nun 11.1 t Treibstoff mitführen. Die Brenndauer stieg dadurch von 720 auf 750 s an. Produktionsverbesserungen senkten gleichzeitig die Leermasse um 30 kg. Die neue Stufe hieß nun „H10 Plus", um sie von der normalen H10 unterscheiden zu können, und sie ersetzte diese bald. Die H10 flog insgesamt 27-mal und wurde beim Flug V65 zum letzten Mal eingesetzt.

Schon mit Flug V70 kam eine neue Variante, die H10-III, zum Einsatz. Bei dieser Stufe wurde im Tank der Zwischenboden um 9 cm in Richtung Wasserstoffreservoir verschoben. Da Sauerstoff 16-mal schwerer als Wasserstoff ist, konnten so zusätzlich 700 kg Treibstoff mitgeführt werden. Die Brennstoffzuladung der H10-III betrug also insgesamt 11,9 t. Der etwas kleiner gewordene Wasserstofftank wurde stärker befüllt, sodass insgesamt nur 1 kg Wasserstoff verloren wurde. Die Brenndauer kletterte auf 780 s. Die H10-III flog bis zum letzten Flug der Ariane 4 im Jahre 2003 und wurde das am häufigsten eingesetzte H10 Modell. Die Tanklänge betrug bei der H-10 III 6.62 m, verglichen mit 5.79 m bei der H-8.

Spätere Steigerungen der Nutzlast bis auf 4.950 kg kamen vor allem durch die Reduktion der Treibstoffreserven zustande, da Arianespace inzwischen seinen Träger recht gut kannte. Besonders die Verringerung der LOX-Reserven führte zu dieser Nutzlaststeigerung. Zum Teil wurden auch Aluminiumteile durch Verbundwerkstoffe ersetzt, um Gewicht zu sparen. Zuletzt wurde der Brennkammerruck beim HM7B auf 36 Bar erhöht, wodurch bei gleichem Schub die Brenndauer auf 790 s anstieg.

Ein Vorteil der verlängerten Brennzeit war, dass die Inklination der Bahn weiter abnahm. Sie lag bei der Ariane 4 bei 7 Grad. Eine noch niedrigere Inklination von bis zu 3 Grad konnte nur noch auf Kosten der Nutzlastmasse erreicht werden, die dann um 172 kg sank. Erstmals wurde auch die dritte Stufe nach Missionsende passiviert, also der Treibstoff abgelassen, sodass eine Explosion der Stufe durch Resttreibstoff ausgeschlossen war.

	H8	H10	H10 plus	H10-III
Länge:	8,88 m	10,70 m	11,05 m	11,05 m
Startgewicht:	9.462 kg	12.040 kg	12.490 kg	13.223 kg
Trockengewicht:	1.157 kg	1.270 kg	1.240 kg	1.240 kg
Treibstoff: Davon LOX Davon LH2	8.245 kg 6.691 kg 1.554 kg	10.800 kg 8.875 kg 1.925 kg	11.140 kg 9.141 kg 2.023 kg	11.892 kg 9.841 kg 2.022 kg
LOX / LH2	4,3 zu 1	4,61 zu 1	4,52 zu 1	4,87 zu 1
Triebwerk:	HM – 7	HM – 7B	HM – 7B	HM – 7B
Schub:	61.8 kN	64,8 kN	64,8 kN	64,8 kN
Spezifischer Impuls:	4315 m/s	4356 m/s	4356 m/s	4364 m/s
Brenndauer:	570 s	720 s	750 s	780 s
Erstflug:	L01	V10	V50	V70
Letzter Flug:	V16	V65	V72	V160
Einsatz auf:	Ariane 1	Ariane 2 bis 4	Ariane 4	Ariane 4
Flüge:	11	44 (27 mit Ariane 4)	16	73
Performance:		+ 300 kg Nutzlast	+ 130 kg Nutzlast	+ 140 kg Nutzlast

Abbildung 53: Zwischenstufenadapter der Ariane 4

Abbildung 54: Die Montage der H-10. Die Stufe ist an dem quadratischen Thermalschutz zu erkennen.

Die Feststoffbooster PAP

Die Feststoffbooster PAP (Propulseur d' Appoint à Poudre, deutsch: Antriebsunterstützung fest) wurden von der Ariane 3 übernommen und verlängert. Die Verlängerung der Booster erfolgte im gleichen Maße wie diejenige der Hauptstufe.

Die Booster hatten die Aufgabe, für kurze Zeit sehr viel Schub zu erzeugen und so die Rakete schnell aus der dichten Atmosphäre zu bringen. Dadurch verringerte sich die Luftreibung. Gleichzeitig erlaubten sie es der Rakete, mehr Treibstoff in der ersten Stufe mitzuführen, da der hohe Initialschub dieses zusätzliche Gewicht kompensierte.

Die nicht aerodynamische Form limitierte aber die mögliche Zuladung an Treibstoff. Die Booster mussten ausgebrannt sein, bevor die aerodynamischen Kräfte zu groß wurden. So wurde zwar der Booster verglichen mit seinem Ariane 3 Pendant um 3,50 m länger, doch nur 2,00 m dieser Verlängerung wurden mit Treibstoff gefüllt. Der Rest war nur eine zylindrische Verlängerung aus Metall, am Ende abgeschlossen zur eigentlichen Brennkammer. Wäre die Brennkammer um die vollen 3,50 m verlängert worden, wäre entweder der Startschub zu groß oder die Brenndauer zu lang gewesen.

Um den Startschub zu senken, wurde auch die Mixtur des Treibstoffs geändert. Wie in den Ariane 3 Boostern wurde als Binder Carboxyl-terminiertes Polybutadien (CTPB) verwendet, jedoch der Aluminiumanteil von 16 auf 10% reduziert. Der Kern brannte so langsamer ab und erzeugte einen geringeren Schub. Dies war wichtig beim Einsatz von vier PAP-Boostern, um einen Maximalschub von 2800 kN nicht zu überschreiten. Dafür stieg die Brenndauer von 29 auf 42 s an.

Die Entwicklung der Booster startete 1983 und konnte schon 1985 nach vier Tests erfolgreich abgeschlossen werden. Im Jahr 1997 erfolgte eine erneute Qualifikation mit HTPB (hydroxiterminiertem Polybutadien), da CTPB inzwischen als Binder obsolet war. Dies ermöglichte es, die Booster der Ariane 4 und 5 mit demselben Treibstoff zu befüllen.

In Relation zu ihrem geringen Gewicht steigerten die PAP-Booster die Nutzlast stärker als dies die vergleichsweise großen Flüssigtreibstoffbooster taten. Sie reduzierten den Luftwiderstand in der unteren, dichten Atmosphäre, da sie schneller durchflogen wurde und durch die höhere Beschleunigung die Gravitationsverluste.

Die ersten PAP wurden unmittelbar nach dem Ausbrennen abgetrennt. Eine Revision der Sicherheitsvorschriften führte später dazu, dass die PAP-Booster erst über mit Sicherheit unbewohntem Gebiet abgeworfen wurden. Bei der Ariane 44LP wurden sie nach 68 s, bei der 44P nach 71 s und bei der 42P erst nach 95 s abgetrennt.

Insgesamt wurden 142 Feststoffbooster beim Ariane 4 Programm eingesetzt. Dazu kamen 22 weitere bei der Ariane 3. Die Entwicklung und Fertigung erfolgte wie bei den SPB 7.35 durch SNIA-BPD (heute Fiat-Avio).

	PAP
Länge:	12,20 m
Durchmesser:	1,08 m
Startgewicht:	12.511 kg
Treibstoffe:	9.500 kg
Leergewicht:	3.011 kg (gesamt) 2.000 kg (nur Motor)
Verbrennungsdruck:	64 bar
Brennkammerlänge:	9,5 m
Düsenlänge:	0,337 m
Expansionsverhältnis:	8.0 zu 1
Schub:	666 kN (Start) 700 kN (maximal)
Brenndauer:	40 s
Gesamtimpuls:	21.5 MN
Spezifischer Impuls:	2304 m/s (Meereshöhe)
Düsenwinkel zu Längsachse:	12 Grad (fest)

Abbildung 55: Die Nutzlastverkleidung

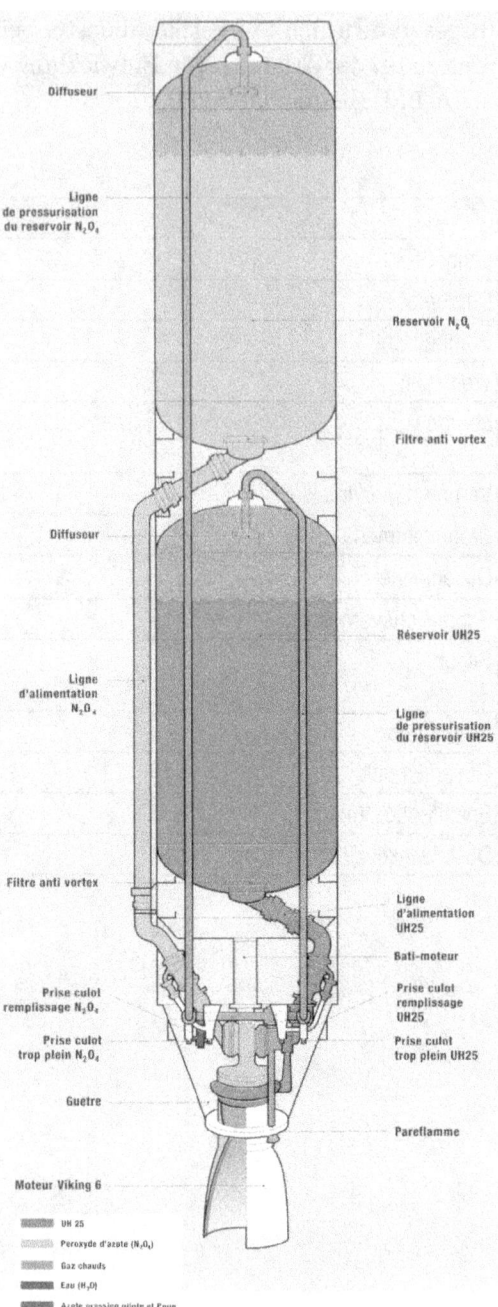

Abbildung 56: Querschnitt durch die PAL

Abbildung 57: Ein PAP wird an der Startrampe montiert.

Die Flüssigtreibstoffbooster PAL

Die Booster mit flüssigem Treibstoff basierten auf der Technologie der ersten und zweiten Stufe der Ariane. Sie wurden als PAL (**P**ropulseur d'**a**ppoint à **l**iquide, deutsch Antriebsunterstützung flüssig) bezeichnet und bestanden aus den folgenden sieben Teilen:

- Aerodynamischer Nasenkonus: Er wurde von Fokker hergestellt und erst nach der Anbringung an die erste Stufe aufgesetzt.

- Obere Übergangsstruktur JAV (**J**upe **av**ant): Dies war eine 2,20 m breite und 0,75 m hohe Aluminiumstruktur mit drei Befestigungsstreben zur ersten Stufe. Vor dem Start wurden dort zwei Feststoffraketen montiert, welche die Booster nach der Abtrennung auf Distanz zur Rakete bringen sollten. Sie wurde wie alle anderen Verbindungsstrukturen von S.A.B.C.A in Belgien gefertigt.

- Oberer Tank für Stickstofftetroxid: Er hatte einen Durchmesser von 2,15 m und eine Länge von 6,62 m und fasste in einem Volumen von 20 m³ bis zu 25,6 t Stickstofftetroxid.

- Zwischentankstruktur JIR (**J**upe **I**nter**r**éservoir): Sie bestand aus Aluminium und war 1,63 m hoch. An ihr wurden vor dem Start vier weitere Trennraketen montiert.

- Unterer UH25 Tank: Dieser Tank war gleich groß wie der NTO-Tank und fasste bis zu 15 t UH25. Beide Tanks standen während des Flugs unter einem Druck von 5,5 Bar.

- Schubgerüst BM (**B**âti **M**oteur): Es war sternförmig ausgesteift und nahm das Triebwerk auf, welches mit acht Schrauben fest angebracht wurde. Hier befanden sich auch das Tankkontrollsystem POC, die Stromversorgung, die Elektronik und die Stutzen für die Betankung.

- Schubübertragung: Die Kraftübertragung auf die erste Stufe der Ariane erfolgte über einen Stahlbeschlag an der Längsachse von 150 mm Durchmesser und 240 kg Gewicht. Dies unterscheidet die PAL von den PAP Boostern, welche nur über zwei Befestigungspunkte mit der L220 verbunden waren.

In den Boostern wurde das Triebwerk Viking-6 verwendet. Es basierte auf dem Viking-5, welches in der ersten Stufe eingebaut war. Die wesentlichste Änderung bestand aus seiner festen Anbringung in einem Winkel von 10 Grad zur Längsachse nach außen, sodass der Abgasstrom den Träger nicht beschädigen konnte.

Wie bei der ersten Stufe war es nicht notwendig, die Tanks in Leichtbauweise auszuführen. Deshalb konnte Edelstahl für die Tanks verwendet werden. Eine weitere Analogie zur ersten Stufe waren die zwei identisch großen Tanks.

In dem Triebwerk wurden pro Sekunde 173,7 kg NTO und 101,5 kg UH25 verbrannt. Das Mischungsverhältnis von 1,71 zu 1 war identisch zu demjenigen in der ersten Stufe.

Der Durchmesser und die Länge der Booster mussten sich nach der Ariane L220 Stufe richten. Der Stahlbeschlag konnte die Kraft vom Schubgerüst bis zum Ende der Zwischentanksektion auf die Unterstufe der Ariane übertragen, wodurch die Länge des PAL bestimmt war. Der Durchmesser ergab sich durch die gewünschte Treibstoffzuladung von 40 t.

Die Booster wurden nach dem Ausbrennen pyrotechnisch von der Rakete getrennt und aktivierten dann eigene Feststofftriebwerke, welche sie aktiv von der ersten Stufe entfernten. Bei einer Ariane 44LP wurden die PAL-Booster in einer Höhe von 40 km bei einer Geschwindigkeit von 1330 m/s abgetrennt. Fünf Sekunden nach der Abtrennung trennten Sprengschnüre die Tanks auf, damit die Booster im Meer versanken und keine Gefahr für die Schifffahrt darstellten. Da die Booster eine eigenständige Rakete darstellten, konnte eine effektive Kostenverringerung nur durch eine möglichst einfache Konstruktion erfolgen. Daher hatten die Booster keine schwenkbaren Triebwerke. Die Steuerung des Schubvektors wurde von der ersten Stufe erledigt. Die benötigten 840 kg Wasser pro Booster für den Gasgenerator lieferte ebenfalls die L220 Stufe.

Auch das Stickstoff-Druckgas zum Betätigen der Ventile und zum Verhindern von POGO Vibrationen in den Leitungen wurde von der ersten Stufe bereitgestellt. Alle diese Leitungen führten an der Außenseite der Booster zum Triebwerk. Spannbänder fixierten sie fest an der Hülle. Messdaten wurden über Abreißleitungen zur ersten Stufe und zur VEB übertragen. Die Abtrennung erfolgt bei der Ariane 42L nach 142 s, bei der Ariane 44LP nach 147 und bei der Ariane 44L erst nach 151 s.

Insgesamt wurden in den Jahren von 1988 bis 2003 von ERNO/MBB (heute Astrium LV) 238 Booster gefertigt. Wie bei der zweiten Stufe bekam ERNO/MBB in Bremen den Auftrag für die Integration der Booster. Die Firma baute eigens eine Fabrik zur Horizontalintegration der Booster. Aufgrund der großen Anzahl kam eine Vertikalintegration, wie sie bei der zweiten Stufe betrieben wurde, für die Booster nicht in Frage. MBB/ERNO war das einzige Unternehmen, welches beide Verfahrensweisen in der Produktion einsetzte. Als 1989 ein Fertigungslos über 96 Booster erteilt wurde, bedeutete dies für MBB/ERNO ein Auftragsvolumen von 1,25 Milliarden DM.

Abbildung 58: Zusammenbau der Tanks eines PAL

Abbildung 59: Produktion der PAL in Bremen. Anders als die zweite Stufe werden diese horizontal integriert.

	PAP Booster	PAL Booster
Länge:	11,20 m	18,60 m
Durchmesser:	1,08 m	2,23 m
Startgewicht:	12.667 kg	43.550 kg
Treibstoffmasse:	9.600 kg	39.000 kg
Leergewicht:	3.011 kg (gesamt) 2.000 kg (nur Motor)	4.100 kg 4.550 kg (mit Treibstoffresten)
Verbrennungsdruck:	64 bar	58,5 Bar
Brennkammerlänge (PAP) / Tanklänge (PAL): Tankinhalt (PAL):	7,00 m	6,62 m 20 m³ Volumen
Düsenlänge:	0,338 m	
Treibstoff:	6.816 kg Ammoniumperchlorat 1.536 kg Aluminium 1.248 kg CTPB	14.413 kg UH25 24.666 kg NTO
Expansionsverhältnis:	1 zu 8	1 zu 11
Schub:	650 kN (Meereshöhe) 700 kN (maximal)	670 kN (Meereshöhe) 752 kN (Vakuum)
Brenndauer:	40 s	142 s
Gesamtimpuls:	21,5 MN	96 MN
Spezifischer Impuls	2305 m/s (Meereshöhe) 2579 m/s (Vakuum)	2484 m/s (Meereshöhe) 2727 (Vakuum)

VEB

Die VEB (Vehicle Equipment Bay) enthielt alle Systeme zur Steuerung der Rakete. Sie beinhaltete Ringlaserkreisel, Bordcomputer (weiterentwickelt aus demjenigen des SPOT-Satelliten), Telemetrie, Batterien und Hydrazin für die Ausrichtung der Satelliten vor dem Aussetzen. Das gemischt analog/digitale System von Ariane 1 bis 3 wurde damit durch ein vollständig digitales System ersetzt. Drei Batterien lieferten den Strom für die VEB.

Die VEB stellte auch die Verbindung zwischen der dritten Stufe und der Nutzlast dar. Sie hatte die Form eines hohlen Kegelstumpfes. An der dritten Stufe befand sich eine ringförmige Platte von 4,00 m Durchmesser, auf der die VEB befestigt war. Sie hatte zwölf Öffnungen an der Außenwand für einen leichten Zugang zum Innenraum, in welchem sich die Ausrüstung befand.

Insgesamt war damit die VEB der Ariane 4 geräumiger als diejenige der Ariane 1 bis 3, und die Elektronik war einfacher zugänglich. Sie wurde dadurch aber auch 200 kg schwerer, da sie die Kräfte von der wesentlich schwereren Nutzlastspitze auf die dritte Stufe übertragen musste. Während des Einsatzes konnte ihr Gewicht um 120 kg gesenkt werden. Sie wurde von der Nutzlastverkleidung oder der Spelda umhüllt. Das war ein weiterer Unterschied zu den früheren Ariane Modellen, bei denen sich die Nutzlasthülle oberhalb der VEB befand. Bei einem Einzelstart konnten Versteifungselemente in der oberen Struktur entfernt werden, um die Nutzlast zu erhöhen.

Vehicle Equipment Bay	
Höhe:	0,93 m
Innendurchmesser:	1,92 m
Außendurchmesser:	2,60-3,93 m
Gewicht:	400-520 kg
Buchten:	12

Abbildung 60: Serienfertigung der Strukturen der VEB bei CASA

Abbildung 61: Standard Spelda

Abbildung 62: Montage der ersten ASAP mit sechs Sekundärsatelliten

Nutzlastverkleidung

Schon Ariane 1 bis 3 setzten eine für die damalige Zeit recht große Nutzlastverkleidung ein. Der Grund dafür war, dass Ariane 3 zwei Satelliten gleichzeitig transportieren sollte. Es wurde aber damit gerechnet, dass die künftigen Satelliten noch größer werden würden, da der Space-Shuttle mehr Platz für Nutzlasten zur Verfügung stellte. Deshalb erhielt die Ariane 4 eine neue, noch größere, Nutzlastverkleidung.

Für die Ariane 4 standen zwei Standardlängen zur Verfügung. Auf Kundenwunsch wurde auch eine dritte Verkleidung mit 11,10 m Länge angeboten. Mit dieser Verkleidung erreichte die Ariane 4 ihre maximal zulässige Höhe von 60 m. Diese extra lange Verkleidung wurde allerdings nie eingesetzt. Sie konnte auch nicht mit der Spelda kombiniert werden.

Der Durchmesser der Nutzlastverkleidung betrug 4,00 m und war damit noch größer als bei der Ariane 3. Der maximal nutzbare Innendurchmesser belief sich auf 3,75 m.

Jede der drei Versionen bestand aus einer Aluminium-Kernstruktur in Honigwaben-Bauweise, überzogen mit mehreren Schichten aus Kohlenfaser-Verbundwerkstoffen. Die Verkleidung wurde durch den Einsatz von Verbundwerkstoffen als Aluminiumersatz leichter als die der Ariane 1 bis 3, bot aber dennoch mehr Platz für die Nutzlast.

Die von Oerlikon Contraves gefertigte Verkleidung bestand aus zwei Schalen, die durch einen Ballon voneinander separiert wurden. Sie wurde abgeworfen, wenn die Reibungswärme durch die Restatmosphäre geringer als die Erhitzung durch die Sonneneinstrahlung wurde (Reibungswärme kleiner als 1.135 W/m^2). Dies war in einer Höhe von etwa 110 km der Fall. Da die Nutzlasthülle deutlich größer als der Durchmesser der dritten Stufe war, verzichtete die ESA auf einen konischen Übergang von der dritten Stufe zur Verkleidung. Deshalb stieg an dieser Stelle der Durchmesser der Rakete abrupt von 2,60 auf 4,00 m an.

Nutzlastverkleidung	
Länge:	8,60 m (kurz) 9,60 m (Standard) 11,10 m (lang)
Durchmesser: nutzbar:	4,00 m 3,50 m
Gewicht:	750 kg (kurz) 810 kg (Standard)
Volumen:	60 m³ (kurz) 70 m³ (Standard) 86 m³ (lang)

Spelda

Wie bei der Ariane 3 war es für die Ariane 4 aus ökonomischer Sicht wichtig, die Nutzlastkapazität durch den Transport zweier Satelliten optimal auszunutzen. Dafür wurde eine neue Doppelstartstruktur, die Spelda, eingeführt. Diese stellte erheblich mehr Platz als die Sylda der Ariane 1 bis 3 zur Verfügung, da sie denselben Durchmesser wie die Nutzlastverkleidung aufwies.

Die Doppelstartvorrichtung SPELDA (**S**tructure **P**orteuse **E**xterne pour **L**ancement **D**ouble **A**riane) bestand aus zwei Teilen: einem unteren Teil, der mit 180 Schrauben fest auf die dritte Stufe montiert wurde und einem abtrennbaren, oberen Deckel.

Der untere Teil verfügte über einen Anschlussdurchmesser von 2,60 m für die Anbringung an die dritte Stufe und den Satelliten, war aber an der Basis 4,00 m breit. Er war zylindrisch mit einer Wandhöhe von 2,00 m.

Der obere Teil bestand aus einem Deckel von 80 cm (kurze Spelda) bzw. 1,80 m Länge (lange Spelda). Er verjüngte sich bis zu einem Durchmesser von 1,92 m. An dieser Stelle wurde ein Standard-Nutzlastadapter mit dem oberen Satelliten angebracht. Die Nutzlasthülle wurde am Ende des unteren Teils angebracht. Da diese ein größeres Volumen zur Verfügung stellte, kam dort der größere Satellit hin. Für beide Nutzlasten galt so ein Gesamtvolumen von maximal 91 m³. Mehr war aus strukturellen Gründen nicht möglich, da die maximale Höhe der Ariane 4 auf unter 60 m beschränkt war.

Mit Flug V58 wurde eine weitere Version, die Mini-Spelda eingeführt. Sie war mit 1,80 m Länge und nur 300 kg Gewicht um 1 m kürzer als die Standard-Ausführung. Sie ersetzte in der Folgezeit die Sylda. Ab 1996 gab es dann noch eine **s**tretched **M**ini-**S**pelda (SMS) mit einer Länge von 2,10 m. Diese vier Versionen erlaubten es, die Nutzlast optimal auszunutzen.

Die maximale Gewichtsbelastung der Spelda lag zwischen 2.700 kg (Mini) und 3.200 kg (Standard). Der maximal nutzbare Innendurchmesser betrug 3,50 m. So waren folgende Kombinationen von Nutzlastverkleidung und Startvorrichtung möglich:

	Volumen	Satelliten	Nutzlast reduziert um ...
Kurze Nutzlastverkleidung	60 m³	1	+ 10 kg
Standard Nutzlastverkleidung	70 m³	1	0
Kurze Nutzlastverkleidung + kurze Spelda	32 m³ + 49 m³	2	- 370 kg
Kurze Nutzlasthülle und lange Spelda	42 m³ + 49 m³	2	- 400 kg
Kurze Nutzlasthülle und Mini Spelda	23 m³ + 49 m³	2	- 290 kg
Kurze Nutzlasthülle und stretched Mini Spelda	26 m³ + 49 m³	2	- 340 kg
Standard Nutzlastverkleidung + kurze Spelda	32 m³ + 59 m³	2	- 380 kg
Standard Nutzlastverkleidung + Mini Spelda	23 m³ + 59 m³	2	- 300 kg
Standard Nutzlastverkleidung + Sylda	14 m³ + 25 m³	2	- 190 kg
Standard Nutzlastverkleidung + stretched Mini Spelda	26 m³ + 59 m³	2	- 350 kg

Die letzte Möglichkeit bestand darin, die Sylda aus dem Ariane-2 und -3 Programm einzusetzen. In diesem Fall war der Platz allerdings sehr begrenzt. Im Gegensatz zur Spelda nahm die Sylda eigenen Raum innerhalb der Nutzlasthülle ein und verringerte damit das zur Verfügung stehende Volumen für den oberen Satelliten. Dagegen verlängerte die Spelda die Nutzlasthülle. Allerdings wog die Sylda mit 190 kg weniger als die Hälfte einer Spelda. Sie wurde nur einmal bei V40 eingesetzt. Die Doppelstartvorrichtung wurde zusammen mit den Satelliten in einen Orbit gebracht und verringerte dadurch die Nutzlast um ihr Gewicht.

Nach Brennschluss der H10 konnte zuerst mittels kleiner Düsen in der VEB die Drittstufe für eine optimale Orientierung des ersten Satelliten ausgerichtet werden. Bei spinstabilisierten Satelliten wurde vor dem Abtrennen die gesamte Stufe in Rotation versetzt. Danach erfolgte die Aussetzung des oberen Satelliten. Die dritte Stufe drehte sich nun vom Satelliten weg und sprengte den oberen Deckel der SPELDA ab. Jetzt wurde die dritte Stufe für das Aussetzen des unteren Satelliten neu ausgerichtet. Nach dessen Abtrennung bremste sich die H10 ab, damit sie nicht mit dem Satelliten kollidierte und schneller verglühte. Zuletzt wurden die Treibstoffe aus den Tanks entlassen, um eine Explosion der H10 Stufe zu verhindern.

Spelda	
Länge:	1,80 m (min), 2,10 m (Mini stretched) 2,80 m (Standard), 3,80 m (stretched)
Durchmesser:	4,00 m (3,50 m nutzbar)
Gewicht:	300 kg (Mini), 335 kg (Mini stretched) 380 kg (Standard), 410 kg (stretched)
Volumen:	23 m³ (Mini), 26 m³ (Mini stretched) 32 m³ (Standard), 42 m³ (stretched

Sekundärnutzlasten

Zur Mitführung von kleineren Satelliten gab es die ASAP-4 Plattform (Ariane Structure for Auxiliary Payloads = Struktur für Nebennutzlasten auf der Ariane). Dies war ein 4 cm dicker und 2.90 m breiter Ring, der auf halber Höhe auf dem konischen Teil der VEB angebracht war.

Die VEB verjüngte sich nach oben, bis sie beim Standardnutzlastadapter 937B nur noch 937 mm Durchmesser hatte. So konnten auf diesem Ring Nutzlasten von bis zu 450 × 450 mm Breite und 600 mm Höhe und maximal 60 kg Gewicht mitgeführt werden. Die ASAP wog 55 kg und war für den Transport von maximal sechs Sekundär-Satelliten von zusammen 240 kg Gewicht ausgelegt. Von der ASAP wurde jedoch nur selten Gebrauch gemacht. Der Grund dafür war, dass die meisten Starts der Ariane in den geostationären Orbit gingen. Die meisten Passagiere, die kostengünstig eine derartige Mitfluggelegenheit bekommen wollten, bevorzugten aber einen niedrigeren Erdorbit. Es gab sieben Einsätze der ASAP-4 mit der Ariane 4.

Bis auf den Start bei V64 gingen alle Einsätze der ASAP in einen sonnensynchronen Orbit. Bei sechs der acht Starts, welche die Ariane 4 in den SSO-Orbit durchführte, wurde eine ASAP mitgeführt. Die Zusatzkosten wurden bei V35 mit 1,2 Millionen Dollar angegeben. Das war pro Kilogramm recht preiswert, vor allem dann, wenn ein geostationärer Orbit erreicht wurde. Ein Start mit der amerikanischen Pegasus-Trägerrakete kostete zur gleichen Zeit etwa sechs Millionen Dollar mit derselben Nutzlast für einen sonnensynchronen Orbit.

Insgesamt 23 Satelliten wurden bei diesen sieben Einsätzen als Sekundärnutzlasten transportiert. Ein zweites System namens SDS (**S**pelda **D**ecidated **S**atellite) wurde ab 1990 angeboten. Eine verkleinerte Spelda erlaubte die Mitführung von 400 bis 800 kg schweren Satelliten für einen Fixpreis von 19 bis 26 Millionen Dollar. Dieses System wurde allerdings nicht in der Praxis eingesetzt.

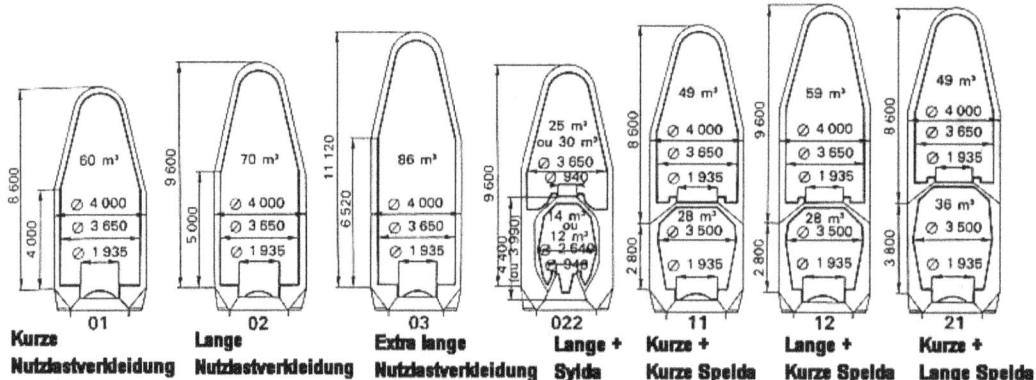

Abbildung 63: Bild die verschiedenen Kombinationen von Nutzlasthülle, Spelda und Sylda

Abbildung 64: Der Satellit Galaxy XI vor dem Start bei V125

Flug	Hauptnutzlast	Sekundärnutzlasten
V35	SPOT 2	Pacsat AO-16, UoSAT 3, UoSAT 4, Dove DO-17, Webersat, Lusat LO-19
V44	ERS 1	Tubsat, SARA, Orbcomm-X, UoSAT 5 (UO-22)
V52	Topex-Poseidon	S80/T, Kitsat KO-23
V59	SPOT 3	ITAMsat IO-26, Uribyol 2 KO-25, Posat 1, Healthsat 2, Stella, Eyesat 1 / AMRAD-Oscar-27
V64	INTELSAT 702	STRV 1B, STRV 1A (Dies war der einzige Start mit ASAP in den GTO-Orbit.)
V75	Hélios 1A	UPM/SAT 1, CERISE
V124	Hélios 1B	Clémentine

Der Start einer Ariane 4

Der Countdown unterschied sich beim Start einer Ariane 4 nicht wesentlich von dem der früheren Ariane Varianten. Wesentliche Änderungen gab es aber in der Betankung der Stufen. Da nun auch noch die Booster zu betanken waren, wurde die Befüllung der ersten Stufe mit den lagerfähigen Treibstoffen auf den Tag vor den Start vorgezogen.

Das wichtigste neue Ereignis war das Zurückfahren der Gantry 5 Stunden 35 min vor dem Start. Damit begann die heiße Phase des Countdowns.

Der folgende Startablauf beschreibt den Flug einer Ariane 44LP. Bedingt durch den Einsatz von zwei verschiedenen Boostern ist dies die Version mit dem komplexesten Ablauf.

Zeit (T + x)	Ereignis
0	Zündung der PAL und der ersten Stufe
4,2 s	Zündung der PAP
4,4 s	Abheben
13 s	Ende der vertikalen Aufstiegsphase und Beginn des Neigeprogramms
46 s	Brennschluss PAP
69 s	Abtrennung PAP
148 s	Brennschluss und Abtrennung der PAL v=1330 m/s, 38 km Höhe
212 s	Stufentrennung v=2900 m/s, 74 km Höhe
213 s	Zündung Zweite Stufe
277 s	Abtrennung Nutzlastverkleidung v=3800 m/s, 110 km Höhe
344 s	Trennung zweite und dritte Stufe v=5300 m/s 150 km Höhe
345 s	Zündung HM-7B
400 s	Natal (Brasilien) hat Radarkontakt
575 s	Höchster Punkt in der Aufstiegsbahn erreicht (222 km).
770 s	Ascension Island (Südatlantik) hat Radarkontakt
940 s	Tiefster Punkt in der Aufstiegsbahn erreicht (183 km).
1.060 s	Libreville (Gabun) hat Radarkontakt
1.118 s	Umlaufgeschwindigkeit erreicht v= 9800 m/s, 970 km Höhe
1.257 s	Abtrennung Nutzlast
1.261 s	Start des Manövers zur Kollisionsvermeidung
1.321 s	Passivierung der dritten Stufe

Typenblatt Ariane 4	
Länge:	54,90 – 58,70 m
maximaler Durchmesser:	3,80 m
Startgewicht:	245 – 484 t
Einsatzzeitraum:	1988 – 2003
Starts:	116
Fehlstarts:	3
Zuverlässigkeit:	97,4 %
Nutzlast:	2.130 – 4.950 kg (in einen GTO-Orbit)
	2,600 – 7,000 kg (in einen SSO-Orbit)
Stufe 1 L220	
Länge:	28,39 m
Durchmesser:	3,80 m
Startgewicht:	251.200 kg (max.)
Leergewicht:	17.510 kg
Triebwerk:	4 Triebwerke Viking-4B
Schub:	4 x 680 kN (Meereshöhe)
	4 x 758 kN (Vakuum)
Brenndauer:	205 s
Treibstoff:	NTO / UH25
Spezifischer Impuls:	2432 m/s (Meereshöhe) 2747 m/s (Vakuum)
Feststoffbooster PAP	
Länge:	12,20 m
Durchmesser:	1,10 m
Startgewicht:	12.511 kg
Leergewicht:	3.011 kg
Triebwerk:	MPS 9.6
Schub:	650 kN (Meereshöhe)
	700 kN (Vakuum)
Brenndauer:	42 s
Treibstoff:	CTPB/HTPB
Spezifischer Impuls:	2304 m/s (Meereshöhe)
Flüssigbooster PAL	
Länge:	19,00 m
Durchmesser:	2,22 m
Leergewicht:	4.550 kg (max.), 4.100 – 4.400 kg (typ.)
Startgewicht:	44.650 kg (max.), 43.550 kg (typ.)
Triebwerk:	1 x Viking-6
Schub:	670 kN (Meereshöhe)
	750 kN (maximal)
Brenndauer:	142 s
Treibstoff:	NTO / UH25
Spezifischer Impuls:	2484 m/s (Meereshöhe)
	2727 m/s (Vakuum)

Stufe 2 L33	
Länge:	11,40 m
Durchmesser:	2,60 m
Startgewicht:	39.391 kg (max.)
Trockengewicht:	3.400 kg
Triebwerk:	1 x Viking-5B
Schub:	798 kN (Vakuum)
Brenndauer:	125 s
Treibstoff:	NTO / UH25
Spezifischer Impuls:	2904 m/s (Vakuum)
Stufe 3 H-10 III	
Länge:	11,14 m (Max.)
Durchmesser:	2,60 m
Startgewicht:	13.140 kg (Max)
Leergewicht:	1.240 kg
Triebwerke:	1 x HM-7B
Schub:	64,8 kN (Vakuum)
Brenndauer:	780 s
Treibstoff:	LOX / LH2
Spezifischer Impuls:	4373 m/s (Vakuum)
VEB	
Länge:	1,04 m
Durchmesser:	4,00 m
Gewicht:	400-520 kg
Nutzlasthülle (3 Varianten)	
Länge:	8,60 / 9,60 / 11,10 m
Volumen:	60 m³ / 70 m³ / 86 m³
Durchmesser:	4,00 m
Gewicht:	750 / 810 kg
Spelda (4 Varianten)	
Volumen:	23 m³ / 26 m³ / 32 m³ / 42 m³
Durchmesser:	4,00 m
Höhe:	1,80 m / 2,10 m / 2,80 m / 3,80 m
Gewicht:	300 kg / 350 kg / 380 kg / 410 kg
Sylda	
Volumen:	14 m³
Durchmesser:	2.90 m
Höhe:	3,90 m
Gewicht:	190 kg

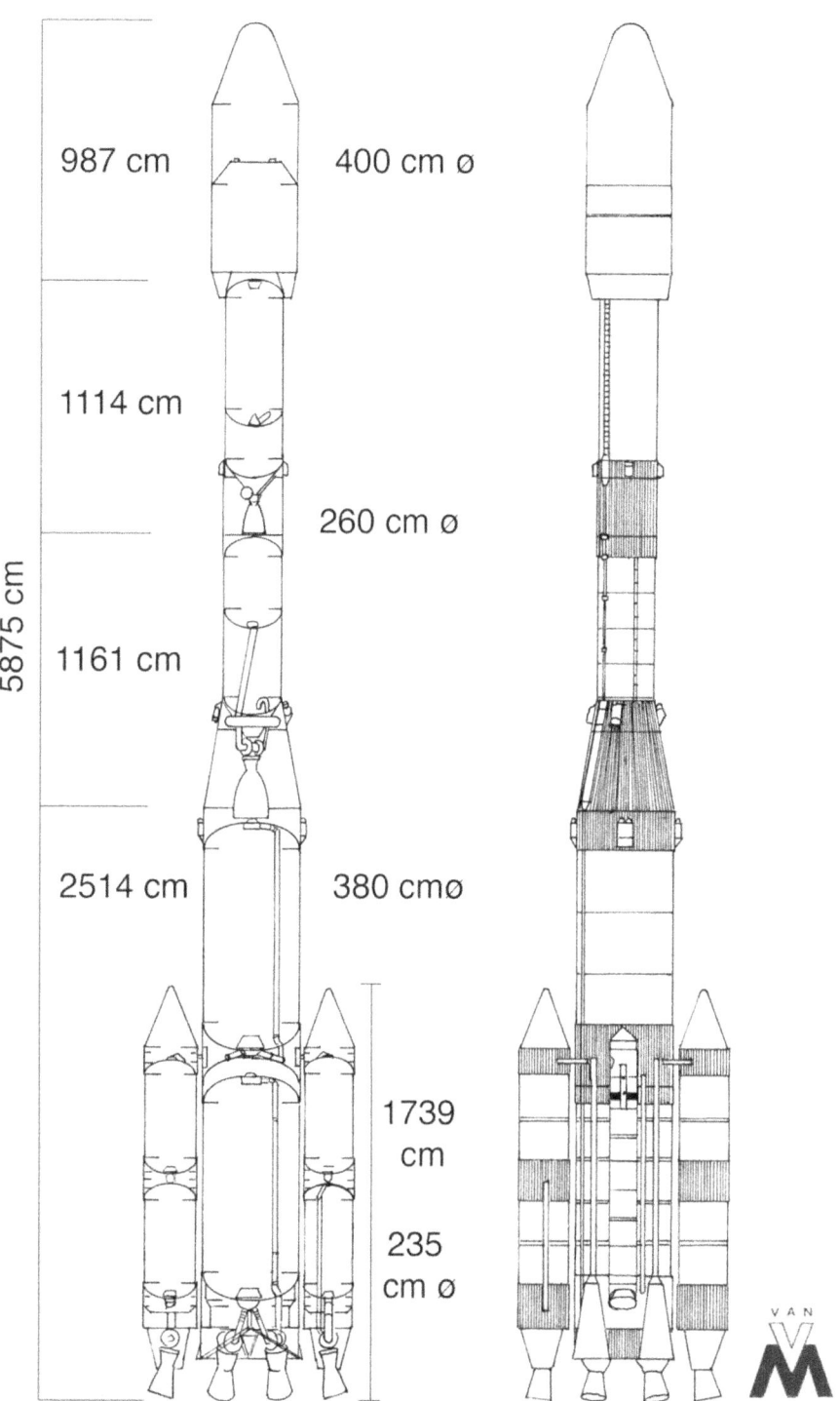

Abbildung 65: Ariane 44L im Querschnitt und Ariane 44LP in der Außenansicht
© der Grafik: Michel Van

Abbildung 66: Jungfernflug der Ariane 4 in der Version Ariane 44LP bei V22 © *des Fotos: ESA*

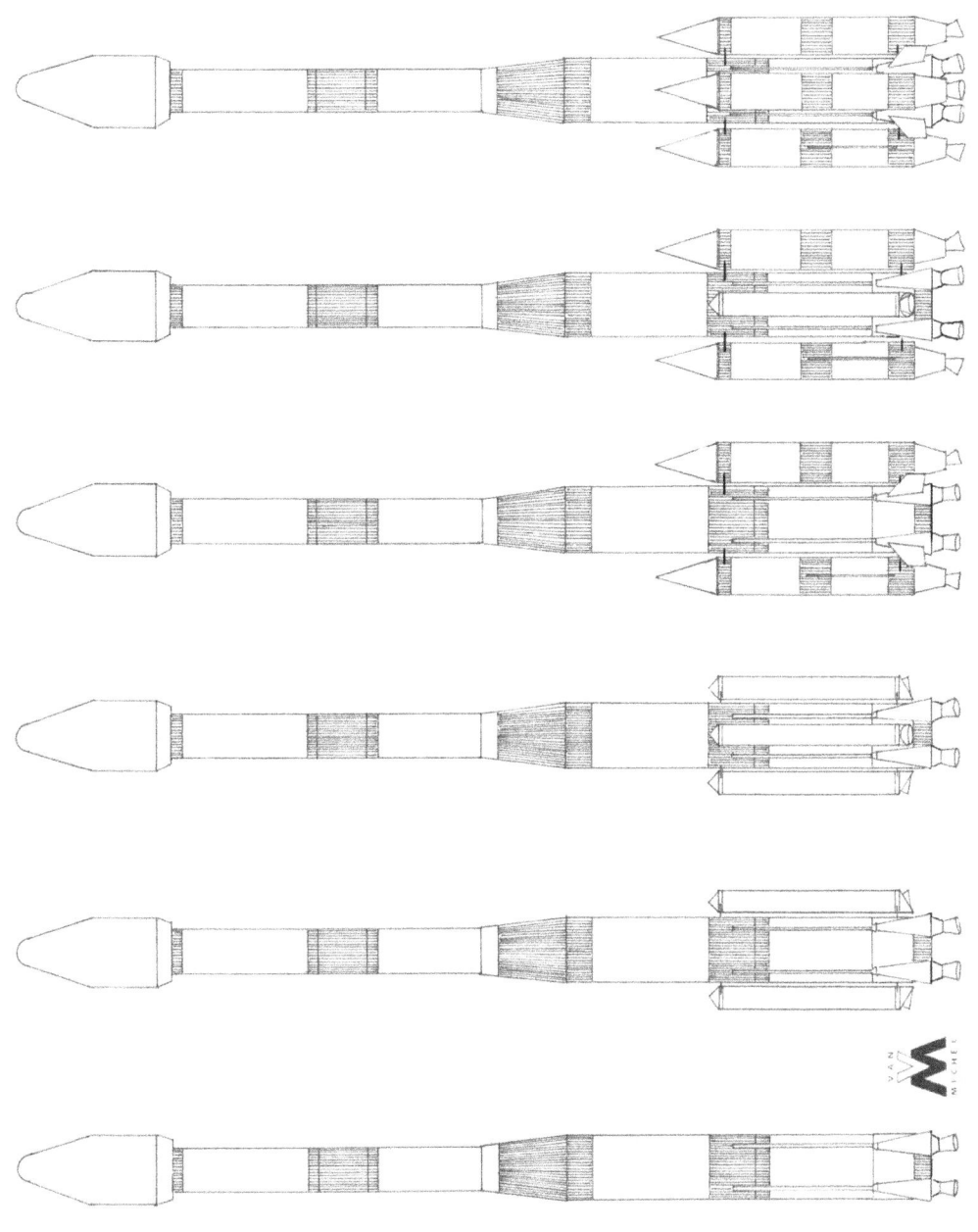

Abbildung 67: Die sechs verschiedenen Konfigurationen der Ariane 4. Von oben nach unten: 44L, 44LP, 42L, 44P, 42P und 40 © der Grafik: Michel Van

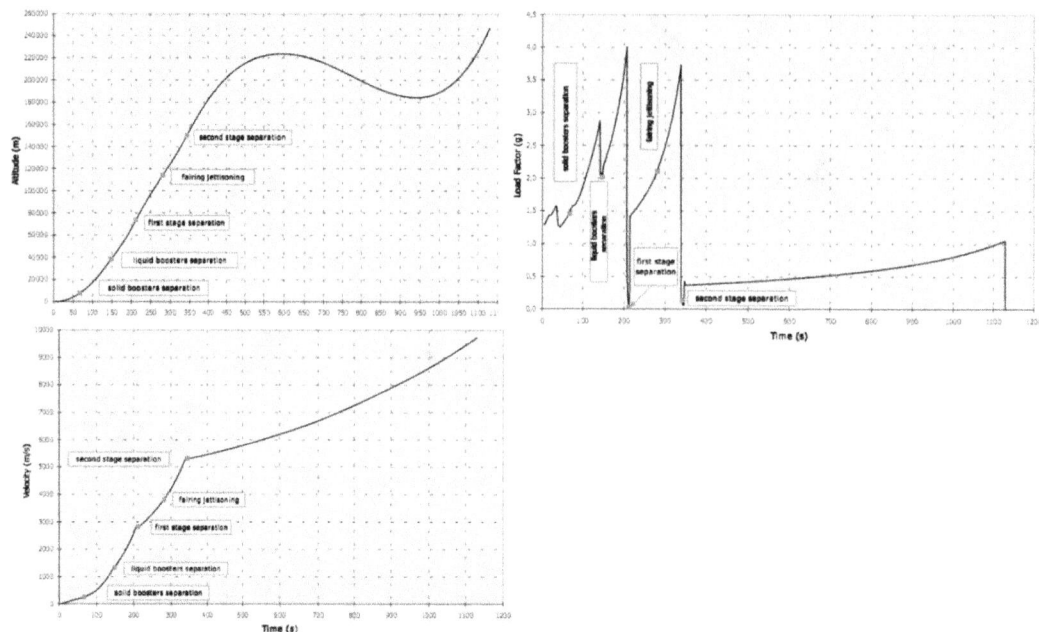

Abbildung 68: Ariane 44 LP Aufstiegsbahn: Höhe gegen die Zeit (links oben), Beschleunigung gen die Zeit (rechts oben), Geschwindigkeit gegen die Zeit (links unten)

Ariane 4 Starts

Erfolg	Datum	Nutzlast	Trägerrakete	Nummer
√	15.06.1988	PAS 1 + Amsat-Oscar-13 + Meteosat 3	Ariane 44LP	V22
√	11.12.1988	Astra 1A + Skynet 4B	Ariane 44LP	V27
√	06.03.1989	Meteosat 4 + JCSAT 1	Ariane 44LP	V29
√	05.06.1989	Kopernikus + Superbird A	Ariane 44L	V31
√	08.08.1989	Hipparcos + TV-SAT 2	Ariane 44LP	V33
√	27.10.1989	INTELSAT 602	Ariane 44L	V34
√	22.01.1990	Pacsat AO-16 + UoSAT 3 + UoSAT 4 + Dove DO-17 + SPOT 2 + Webersat + Lusat LO-19	Ariane 40	V35
—	22.02.1990	BS 2X + Superbird B	Ariane 44L	V36
√	24.07.1990	Kopernikus 2 + TDF 2	Ariane 44L	V37
√	30.08.1990	Eutelsat II F-1 + Skynet 4C	Ariane 44LP	V38
√	12.10.1990	Galaxy VI + SBS 6	Ariane 44L	V39
√	20.11.1990	Gstar 4 + Satcom C1	Ariane 42P	V40
√	15.01.1991	Eutelsat II F-2 + Italsat 1	Ariane 44L	V41

Erfolg	Datum	Nutzlast	Trägerrakete	Nummer
√	02.03.1991	Meteosat 5 + Astra 1B	Ariane 44LP	V42
√	04.04.1991	Anik E2	Ariane 44P	V43
√	17.07.1991	Tubsat + SARA + Orbcomm-X + ERS-1 + UoSAT 5 (UO-22)	Ariane 40	V44
√	14.08.1991	INTELSAT 605	Ariane 44L	V45
√	26.09.1991	Anik E1	Ariane 44P	V46
√	29.10.1991	INTELSAT 601	Ariane 44L	V47
√	16.12.1991	INMARSAT II F-3 + Telecom 2A	Ariane 44L	V48
√	26.02.1992	Arabsat 1C (Insat 2DT) + Superbird B1	Ariane 44L	V49
√	15.04.1992	INMARSAT II F-4 + Telecom 2B	Ariane 44L	V50
√	09.07.1992	Eutelsat II F-4 + Insat 2A	Ariane 44L	V51
√	10.08.1992	S80/T + Kitsat KO-23 + Topex-Poseidon	Ariane 42P	V52
√	10.09.1992	Satcom C3 + Hispasat 1A	Ariane 44LP	V53
√	28.10.1992	Galaxy VII	Ariane 42P	V54
√	01.12.1992	Superbird A1	Ariane 42P	V55
√	12.05.1993	Arsene + Astra 1C	Ariane 42L	V56
√	25.06.1993	HGS-4 (Galaxy 4H)	Ariane 42P	V57
√	22.07.1993	Insat 2B + Hispasat 1B	Ariane 44L	V58
√	26.09.1993	ITAMsat IO-26 + Uribyol 2 KO-25 + Posat 1 + Healthsat 2 + SPOT 3 + Stella + Eyesat 1/AMRAD-Oscar-27	Ariane 40	V59
√	22.10.1993	INTELSAT 701	Ariane 44LP	V60
√	20.11.1993	Meteosat 6 + Solidaridad 1 (Satmex 3)	Ariane 44LP	V61
√	18.12.1993	Thaicom 1 + DirecTV 1	Ariane 44L	V62
—	24.01.1994	Turksat 1A + Eutelsat 2 F5	Ariane 44LP	V63
√	17.06.1994	STRV 1B + STRV 1A + INTELSAT 702	Ariane 44LP	V64
√	08.07.1994	BS-3N + Intelsat IS-2 (PAS 2)	Ariane 44L	V65
√	10.08.1994	Turksat 1B + Brasilsat B1	Ariane 44LP	V66
√	09.09.1994	Telstar 402	Ariane 42L	V67
√	08.10.1994	Thaicom 2 + Solidaridad 2 (Satmex 4)	Ariane 44L	V68
√	01.11.1994	Astra 1D	Ariane 42P	V69
—	01.12.1994	PAS 3	Ariane 42P	V70
√	28.03.1995	Hot Bird 1 + Brasilsat B2	Ariane 44LP	V71
√	21.04.1995	ERS-2	Ariane 40	V72
√	17.05.1995	INTELSAT 706	Ariane 44LP	V73
√	10.06.1995	DirecTV 3	Ariane 42P	V74
√	07.07.1995	UPM/SAT 1 + CERISE + Hélios 1A	Ariane 40	V75

Erfolg	Datum	Nutzlast	Trägerrakete	Nummer
√	03.08.1995	Intelsat IS-4 (PAS 4)	Ariane 42L	V76
√	29.08.1995	N-STAR a	Ariane 44P	V77
√	24.09.1995	Telstar 402R (Telstar 4)	Ariane 42L	V78
√	19.10.1995	Astra 1E	Ariane 42L	V79
√	17.11.1995	ISO	Ariane 44P	V80
√	06.12.1995	Insat 2C + Telecom 2C	Ariane 44L	V81
√	12.01.1996	Measat 1 + Intelsat IS-3R (PAS 3R)	Ariane 44L	V82
√	05.02.1996	N-Star b	Ariane 44P	V83
√	14.03.1996	INTELSAT 707	Ariane 44LP	V84
√	20.04.1996	MSAT-1	Ariane 42P	V85
√	16.05.1996	Amos 1 + Palapa C2	Ariane 44L	V86
√	15.06.1996	INTELSAT 709	Ariane 44P	V87
√	09.07.1996	Turksat 1C + Arabsat IIA	Ariane 44L	V89
√	08.08.1996	Telecom 2D + Italsat F2	Ariane 44L	V90
√	11.09.1996	Echostar II	Ariane 42P	V91
√	13.11.1996	Measat 2 + Arabsat IIB	Ariane 44L	V92
√	30.01.1997	Nahuel 1A + Americom 2 (GE 2)	Ariane 44L	V93
√	01.03.1997	INTELSAT 801	Ariane 44P	V94
√	16.04.1997	BSAT 1a + Thaicom 3	Ariane 44LP	V95
√	03.06.1997	Insat 2D + INMARSAT III F4	Ariane 44L	V97
√	25.06.1997	INTELSAT 802	Ariane 44P	V96
√	08.08.1997	PAS 6	Ariane 44P	V98
√	02.09.1997	Meteosat 7 + Hot Bird 3	Ariane 44LP	V99
√	23.09.1997	INTELSAT 803 (NSS 5)	Ariane 42L	V100
√	12.11.1997	Cakrawarta 1 + Sirius 2 (Astra 5A)	Ariane 44L	V102
√	02.12.1997	Equator-S + JCSAT 1B	Ariane 44P	V103
√	22.12.1997	INTELSAT 804	Ariane 42L	V104
√	04.02.1998	INMARSAT 3 F5 + Brasilsat B3	Ariane 44LP	V105
√	27.02.1998	Hot Bird 4 (Atlantic Bird 4)	Ariane 42P	V106
√	24.03.1998	SPOT-4	Ariane 40	V107
√	28.04.1998	BSAT 1b + Nilesat 101	Ariane 44P	V108
√	25.08.1998	ST-1	Ariane 44P	V109
√	16.09.1998	Intelsat IS-7	Ariane 44LP	V110
√	05.10.1998	Sirius 3 + Eutelsat W2	Ariane 44L	V111
√	28.10.1998	GE 5 + Afristar	Ariane 44L	V113
√	06.12.1998	Satmex 5	Ariane 42L	V114

Erfolg	Datum	Nutzlast	Trägerrakete	Nummer
√	22.12.1998	Intelsat IS-6B	Ariane 42L	V115
√	26.02.1999	Skynet 4E + Arabsat 3A	Ariane 44L	V116
√	02.04.1999	Insat 2E	Ariane 42P	V117
√	12.08.1999	Telkom 1	Ariane 42P	V118
√	04.09.1999	Mugunghwa 3	Ariane 42P	V120
√	25.09.1999	Galaxy 27 (IA-7)	Ariane 44LP	V121
√	19.10.1999	Telstar 12	Ariane 44LP	V122
√	13.11.1999	GE 4	Ariane 44LP	V123
√	03.12.1999	Clementine + Hélios 1B	Ariane 40	V124
√	22.12.1999	Galaxy 11	Ariane 44L	V125
√	25.01.2000	Galaxy 10R	Ariane 42L	V126
√	18.02.2000	Superbird B2	Ariane 44LP	V127
√	19.04.2000	Galaxy IVR	Ariane 42L	V129
√	17.08.2000	Nilesat 102 + Brasilsat B4	Ariane 44LP	V131
√	06.09.2000	Eutelsat W1	Ariane 44P	V132
√	06.10.2000	N-SAT-110 (JCSAT-110)	Ariane 42L	V133
√	29.10.2000	Intelsat IS-12	Ariane 44LP	V134
√	21.11.2000	Anik F1	Ariane 44L	V136
√	10.01.2001	Turksat 2A	Ariane 44P	V137
√	07.02.2001	Skynet 4F + Sicral	Ariane 44L	V139
√	09.06.2001	INTELSAT 901	Ariane 44L	V141
√	30.08.2001	INTELSAT 902	Ariane 44L	V143
√	25.09.2001	Atlantic Bird 2	Ariane 44P	V144
√	27.11.2001	DirecTV-4S	Ariane 44LP	V146
√	23.01.2002	Insat 3C	Ariane 42L	V147
√	23.02.2002	INTELSAT 904	Ariane 44L	V148
√	29.03.2002	Astra 3A + JCSAT 2A	Ariane 44L	V149
√	16.04.2002	NSS-7	Ariane 44L	V150
√	04.05.2002	BreizhSat-Oscar-48 (BO-48) + BreizhSat-Oscar-47 (BO-47) + SPOT 5	Ariane 42P	V151
√	05.06.2002	INTELSAT 905	Ariane 44L	V152
√	06.09.2002	INTELSAT 906	Ariane 44L	V154
√	17.12.2002	NSS 6	Ariane 44L	V156
√	15.02.2003	INTELSAT 907	Ariane 44L	V159

Die Ariane 4 XL und XXL

Nehmen wir mal an, wir hätten die Ariane 5 nicht entwickelt – wäre nicht auch die Ariane 4 weiter entwickelbar gewesen, um den steigenden Satellitenmassen zu folgen? An dieser Stelle möchte ich die Möglichkeiten aufzeigen, die man gehabt hätte, die Ariane 4 in der Leistung zu steigern. Es sind keine offiziellen Pläne, sondern eigene Berechnungen.

Physikalisch sind die Randbedingungen relativ einfach: Damit eine Rakete überhaupt abheben kann, muss ihre Startbeschleunigung größer als 1 g sein. Will man also, wie beim Übergang von der Ariane 2/3 auf die Ariane 4 in der ersten Stufe mehr Treibstoff mitführen, so braucht man mehr Schub. Diesen lieferten die angeflanschten Booster. Ohne diese musste Treibstoff bei den Versionen Ariane 40 und 42L/P weggelassen werden. Für die oberen Stufen ist eine hohe Beschleunigung nicht so wichtig. Bei der zweiten Stufe hat sich ein Wert von 0,8 g eingebürgert, die Ariane 4 beschleunigt deutlich flotter mit über 1,4 g. Bei den dritten Stufen hängt es davon ab, wie nahe sie bei Zündung an der Orbitalgeschwindigkeit sind. Hier kann nur eine Simulation genaue Werte ergeben, doch auch hier liegt Ariane 4 mit 0,38 g bei keinem schlechten Wert. Die Ariane 5 EPS Stufe hat mit 0,15 g eine weniger als halb so hohe Beschleunigung.

Um die Nutzlast zu erhöhen, ist es bei der Ariane 4 nötig, vor allem die beiden oberen Stufen zu vergrößern. Zum einen, weil sie bei der Erhöhung der Endgeschwindigkeit wichtiger für die Nutzlast sind, zum Zweiten, weil die Stufen einen höheren spezifischen Impuls aufweisen. So brachte beim Übergang von Ariane 1 zur Ariane 2 nur 2 t mehr Treibstoff in der dritten Stufe rund 300 kg mehr Nutzlast, für 1.200 kg mehr Nutzlast mussten bei der Ariane 4 in der ersten Stufe zwei Booster mit rund 90 t Startgewicht angebracht werden. Da die bisherige Entwicklung vor allem die Masse erste Stufe (wozu man die Booster hinzuzählen muss) erhöhten, sollte dies eine deutliche Nutzlaststeigerung bringen.

Um größere Oberstufen zu transportieren, muss mehr Schub vorhanden sein. Der erste Vorschlag, den ich habe, wurde schon bei der Konzeption der Ariane 4 gemacht: der Einbau eines fünften Triebwerks in die erste Stufe. Dieses liefert rund 700 kN Schub. Bei einer Mindestbeschleunigung von 1,2 g, das ist der Wert den auch die Ariane 44L aufweist, entspricht dies rund 60 t mehr Masse. Die Oberstufen mit der Nutzlast können also rund 60 t mehr wiegen. Derzeit wiegen sie zusammen rund 51 t. Das entspricht also einer Verdopplung des Gewichts. Geschickterweise entspricht das Verhältnis neuem Gewicht/altem Gewicht dem Verhältnis $(3,80/2,60)^2$. 3,80 m: Dies ist der Durchmesser der ersten Stufe, 2,60 m das ist der Durchmesser der zweiten und dritten Stufe. Würde man die oberen beiden Stufen bei Beibehaltung der Länge auf durchgehend 3,80 m Durchmesser erweitern und ein fünftes Triebwerk in die erste Stufe einbauen, so erhält man folgende Rakete:

Typenblatt Ariane 4 XL	
Länge:	54,90-58,70 m
maximaler Durchmesser:	3,80 m
Startgewicht:	544.000 kg
Nutzlast:	7.500 kg (in einen GTO Orbit)
Stufe 1 L220	
Länge:	28,39 m
Durchmesser:	3,80 m
Startgewicht:	252.200 kg (max.)
Leergewicht:	18.510 kg
Triebwerk:	5 × Viking 5B
Schub:	5 × 680 kN (Meereshöhe), 5 × 758 kN (Vakuum)
Brenndauer:	164 s
Treibstoff:	NTO/UH25
Spezifischer Impuls:	2.432 m/s (Meereshöhe) 2.747 m/s (Vakuum)
Flüssigbooster PAL	
Länge:	19,00 m
Durchmesser:	2,22 m
Startgewicht:	4 × 4.550 kg (max.) 4.100-4.400 kg (typ.)
Leergewicht:	4 × 44.650 kg (max.) 43.550 kg (typ.)
Triebwerk:	4 × Viking-6
Schub:	670 kN (Meereshöhe), 750 kN (maximal)
Brenndauer:	142 s
Treibstoff:	NTO/UH25
Spezifischer Impuls:	2.432 m/s (Meereshöhe), 2.727 m/s (Vakuum)
Stufe 2 L77	
Länge:	11,61 m
Durchmesser:	3,80 m
Startgewicht:	84.200 kg (max.)
Trockengewicht:	7,200 kg
Triebwerk:	2 × Viking 4B
Schub:	2 × 798 kN (Vakuum)
Brenndauer:	140 s
Treibstoff:	NTO/UH25
Spezifischer Impuls:	2.904 m/s
Stufe 3 H25	
Länge:	11,14 m
Durchmesser:	3,80 m
Startgewicht:	28,100 kg (max.)
Leergewicht:	2,600 kg
Triebwerke:	2 × HM-7B
Schub:	2 × 64,8 kN (Vakuum)
Brenndauer:	860 s
Treibstoff:	LOX/LH2
Spezifischer Impuls (Vakuum)	4.373 m/s

VEB	
Länge:	1,04 m
Durchmesser:	4,00 m
Gewicht:	600 kg
Nutzlasthülle	
Länge:	8,60, 9,60 und 11,10 m
Volumen:	60 m³ / 70 m³ / 86 m³
Durchmesser:	4,00 m
Gewicht:	750 / 810 kg
Spelda	
Volumen:	23 m³ / 26 m³ / 32 m³ / 42 m³
Durchmesser:	4,00 m
Höhe:	1,80 m / 2,10 m / 2,80 m / 3,80 m
Gewicht:	300 kg / 350 kg / 380 kg / 410 kg

Ich habe die Berechnung mit folgenden Annahmen durchgeführt:

- Die erste Stufe wird um 1 t schwerer für ein weiteres Triebwerk im Schubrahmen.

- Zweite und dritte Stufe erhalten je zwei Triebwerke, um die höhere Masse zu transportieren.

- Die Trockenmasse habe ich anhand der erhöhten Treibstoffzuladung hochskaliert. In der Praxis wäre sie geringer, weil die Oberfläche der Tanks nur im Quadrat zunimmt, ihr Volumen aber in der dritten Potenz.

- Bei der VEB sind 150 kg an Masse hinzugekommen, da diese höherer Belastung durch die schwerere Nutzlast ausgesetzt wird, zudem wird nun die Form sich ändern von einem Kegelstumpf zu einem Kreisring. Auch hier wäre in der Praxis durch die bessere Form mit einem geringeren Gewichtsanstieg zu rechnen.

- Alle anderen, unveränderten Komponenten habe ich unverändert übernommen. Ebenso die zu erreichende Endgeschwindigkeit für die Simulation.

Die zweite und dritte Stufe sind zusammen 58,8 t schwerer, das passt also ideal zum erhöhten Schub. Die Nutzlast beträgt 7.500 kg, das sind 2.600 kg mehr als bei der Ariane 4 4L bei einer nur 13% höheren Startmasse. Also eine deutliche Verbesserung (52% mehr Nutzlast bei nur 13% höherer Startmasse).

Geht noch mehr? Natürlich. Wer sagt denn, dass es nur vier Booster sein müssen? Technisch bedingt können bis zu acht Booster an eine Ariane 4 angeflanscht werden. So viele gehen auf einen Kreis mit einem Radius von 6,03 m (2,21 + 3,81 m Durchmesser von Booster und Hauptstufe). Da derzeit allerdings die Triebwerke nach außen hin versetzt sind, wäre das

Schubgerüst umzukonstruieren, sie müssten nach Innen versetzt werden. Die vier weiteren Booster liefern zusätzlichen Schub und erlauben so eine Vergrößerung der oberen Stufen. Jeder Booster wiegt rund 44 t, liefert aber 67 t Schub. Bei einer Beschleunigung von 1,2 g erlaubt jeder Booster also die Mitführung von 11 t mehr Masse. Vier Booster also 44 t. Man könnte nun die beiden oberen Stufen verlängern oder den Durchmesser vergrößern.

Ich tendiere zum Verlängern, weil die Rakete dann „schöner aussieht". Würde man die Länge beibehalten, aber den Durchmesser vergrößern so müsste die Rakete oben 4,70 m Durchmesser aufweisen. Das ist etwas ungewöhnlich, aber wurde bei der Delta III auch schon so gemacht. Der Vorteil ist, dass dann die Versorgungsleitungen auf gleicher Höhe bleiben, es also keine Umbauten bei ELA 2 gibt. Ich habe die Erhöhung des Durchmessers, weil es praktischer in der Umsetzung ist, für das Datenblatt als Basis genommen.

Einsetzen könnte man dann natürlich auch größere Nutzlastverkleidungen von 4,70 m Durchmesser. Diese wird frühzeitig abgeworfen und beeinflusst die Nutzlast kaum. Sie wäre wegen der nun stark angestiegenen Nutzlast auch nötig. Ich habe hierfür die Daten der langen Ariane 5 Hülle genommen, nur auf einen Durchmesser von 4,70 m (anstatt 5,40 m) skaliert. Dasselbe gilt für die Spelda die nun 4,70 m anstatt 4,00 m Durchmesser aufweist. Zudem braucht man ein weiteres Triebwerk in der zweiten und dritten Stufe. In der zweiten Stufe wäre es nicht unbedingt nötig, weil zwei Triebwerke schon eine Beschleunigung von 0,85 g liefern. Da sich dann aber auch andere Parameter, vor allem die Zielgeschwindigkeit ändern, habe ich daran nichts geändert.

Man könnte auch nur sechs Booster einsetzen, dann würde man Propellant-Offloading betrieben, wie dies schon bei der Ariane 40, 42P und 44P durchgeführt wird. Denkbar wäre dies bei allen drei Stufen, am sinnvollsten wäre es sicher, die erste Stufe nicht voll mit Treibstoff zu füllen. Bei sechs Boostern und 22 t Offloading in der ersten Stufe betrüge die Nutzlast 10,2 t – gleichauf mit der Ariane 5 ECA.

Man erhält bei einer Verteilung des Treibstoffs im Verhältnis 3:1 (11 t dritte Stufe, 33 t zweite Stufe) dann folgenden Träger:

Typenblatt Ariane 4 XXL

Länge:	54,90-58,70 m
maximaler Durchmesser:	4,70 m
Startgewicht:	779.100 kg
Nutzlast:	12.100 kg (in einen GTO-Orbit)
Stufe 1 L220	
Länge:	28,39 m
Durchmesser:	3,80 m
Startgewicht:	252.200 kg (max.)
Leergewicht:	18.510 kg
Triebwerk:	5 × Viking 5C
Schub:	5 × 680 kN (Meereshöhe), 5 × 758 kN (Vakuum)
Brenndauer:	164 s
Treibstoff:	NTO/UH25
Spezifischer Impuls:	2.432 m/s (Meereshöhe) 2.747 m/s (Vakuum)
Flüssigbooster PAL	
Länge:	19,00 m
Durchmesser:	2,22 m
Startgewicht:	8 × 4.550 kg (max.) 4.100-4.400 kg (typ.)
Leergewicht:	8 × 44.650 kg (max.) 43.550 kg (typ.)
Triebwerk:	1 × Viking 6
Schub:	670 kN (Meereshöhe), 750 kN (maximal)
Brenndauer:	142 s
Treibstoff:	NTO/UH25
Spezifischer Impuls:	2.432 m/s (Meereshöhe), 2.727 m/s (Vakuum)
Stufe 2 L117	
Länge:	11,61 m
Durchmesser:	4,70 m
Startgewicht:	128.800 kg (max.)
Trockengewicht:	11.000 kg
Triebwerk:	3 × Viking 4B
Schub:	3 × 798 kN (Vakuum)
Brenndauer:	142 s
Treibstoff:	NTO/UH25
Spezifischer Impuls:	2.904 m/s
Stufe 3 H40	
Länge:	11,14 m
Durchmesser:	4,70 m
Startgewicht:	43.800 kg
Leergewicht:	4,000 kg
Triebwerke:	3 × HM-7B
Schub:	3 × 64,8 kN (Vakuum)
Brenndauer:	895 s
Treibstoff:	LOX/LH2
Spezifischer Impuls (Vakuum)	4.373 m/s

VEB	
Länge:	1,04 m
Durchmesser:	4,70 m
Gewicht:	600 kg
Nutzlasthülle	
Länge:	17,00 m
Volumen:	151 m³
Durchmesser:	4,70 m
Gewicht:	1.820 kg
Spelda-47	
Volumen:	32 m³ / 36 m³ / 45 m³ / 58 m³
Durchmesser:	4,70 m
Höhe:	1,80 m / 2,10 m / 2,80 m / 3,80 m
Gewicht:	320 kg / 370 kg / 400 kg / 430 kg

Wie sich zeigt: Bei nahezu gleicher Startmasse wie eine Ariane 5 ECA transportiert diese Version 12,1 t in den GTO-Orbit (zugegeben eine optimistische Angabe, da die VEB gleich groß blieb, sie wird wegen der größeren Masse aber schwerer sein)

Das Ganze wäre noch zu optimieren, indem man eine weitere vierte Stufe einführt, z. B. die bisherige H10, und dafür die zweite und dritte Stufe etwas Treibstoff weglässt: Da diese neue Stufe einen höheren spezifischen Impuls, als die zweite Stufe hat, resultiert eine noch etwas höhere Nutzlast: 13,8 t, mehr als die geplante Ariane 5 ME transportieren wird.

In der Praxis würde man wohl diese Lösung nicht anstreben. Es gibt zwar eine Nutzlaststeigerung um 1,7 t, doch die vierte Stufe verkompliziert das Flugregime, macht die Rakete länger und bedeutetet ein größeres Risiko, immerhin entfielen von sieben Fehlstarts von Ariane 1-4 fünf auf die dritte Stufe. Zudem ist ihr Durchmesser nun viel geringer als bei den oberen Stufen. Eine Lösung wäre eine verlängerte Nutzlastverkleidung, welche die vierte Stufe mit umgibt, wie dies bei der Atlas V 500-er Serie eingesetzt wird. Das würde die Startmasse um mindestens 2 t erhöhen, die Nutzlast etwas absenken. Der einzige Vorteil, den diese "Ariane 4 XXL2" hätte, wäre, dass nun vierte Stufe und Nutzlast fast schon die Geschwindigkeit für einen niedrigen Erdorbit haben. Reduziert man die Nutzlast leicht, wie dies z. B. bei höheren Geschwindigkeiten (Fluchtgeschwindigkeit) nötig ist, so kann die Zündung der vierten Stufe später in der Parkbahn erfolgen, was heute Standard für Planetensonden ist. Dadurch kann man die Übergangsbahn mit höherer Präzision erreichen und die Startfenster werden deutlich größer.

Typenblatt Ariane 4 XXL2	
Länge:	65,10 - 69,80 m
maximaler Durchmesser:	4,70 m
Startgewicht:	757.300 kg
Nutzlast:	13.800 kg (in einen GTO-Orbit)
Stufe 1 L220	
Länge:	28,39 m
Durchmesser:	3,80 m
Startgewicht:	252.200 kg (max.)
Leergewicht:	18.510 kg
Triebwerk:	5 × Viking 5B
Schub:	5 × 680 kN (Meereshöhe), 5 × 758 kN (Vakuum)
Brenndauer:	164 s
Treibstoff:	NTO/UH25
Spezifischer Impuls:	2.432 m/s (Meereshöhe) 2.747 m/s (Vakuum)
Flüssigbooster PAL	
Länge:	19,00 m
Durchmesser:	2,22 m
Startgewicht:	8 × 4.550 kg (max.) 4.100 - 4.400 kg (typ.)
Leergewicht:	8 × 44.650 kg (max.) 43.550 kg (typ.)
Triebwerk:	1 × Viking 6
Schub:	670 kN (Meereshöhe), 750 kN (maximal)
Brenndauer:	142 s
Treibstoff:	NTO/UH25
Spezifischer Impuls:	2.432 m/s (Meereshöhe) 2.727 m/s (Vakuum)
Stufe 2 L93	
Länge:	11,61 m
Durchmesser:	4,53 m
Startgewicht:	100,400 kg (max.)
Trockengewicht:	8.600 kg
Triebwerk:	3 × Viking 4B
Schub:	3 × 798 kN (Vakuum)
Brenndauer:	126 s
Treibstoff:	NTO/UH25
Spezifischer Impuls:	2.904 m/s
Stufe 3 H33	
Länge:	11,14 m
Durchmesser:	4,53 m
Startgewicht:	36.600 kg
Leergewicht:	3,100 kg
Triebwerke:	3 × HM-7B
Schub:	3 × 64,8 kN (Vakuum)
Brenndauer:	753 s
Treibstoff:	LOX/LH2
spezifischer Impuls (Vakuum)	4.373 m/s

Stufe 4 H10-III	
Länge:	11,14 m
Durchmesser:	2,60 m
Startgewicht:	13.140 kg
Leergewicht:	1,240 kg
Triebwerke:	1 × HM-7B
Schub:	1 × 64,8 kN (Vakuum)
Brenndauer:	780 s
Treibstoff:	LOX/LH2
Spezifischer Impuls (Vakuum)	4.373 m/s
VEB	
Länge:	1,04 m
Durchmesser:	4,70 m
Gewicht:	600 kg
Nutzlasthülle	
Länge:	17,00 m
Volumen:	151 m³
Durchmesser:	4,70 m
Gewicht:	1.820 kg
Spelda-47	
Volumen:	32 m³ / 36 m³ / 45 m³ / 58 m³
Durchmesser:	4,70 m
Höhe:	1,80 m / 2,10 m / 2,80 / 3,80 m
Gewicht:	320 kg / 370 kg / 400 kg / 430 kg

Von Interesse ist aber nicht nur die Nutzlast, sondern auch ob die Rakete konkurrenzfähige Preise anbieten kann. Eine Kostenabschätzung ist ohne Daten über die Fertigungskosten schwer. Aber eine Abschätzung will ich versuchen. Wenn man annimmt, dass die Kosten proportional zu der Anzahl der Triebwerke sind, und die HM-7B Triebwerke doppelt so teuer sind wie die Viking, dann erhält man folgende Vergleichstabelle:

Träger	Viking-Triebwerke	HM-7B Triebwerke	Kosten [Mill $]	Nutzlast GTO	Kosten pro kg Nutzlast
Ariane 44L	9	1	115	4.950 kg	23.300 $
Ariane 44 XL	11	2	157	7.500 kg	20.900 $
Ariane 44 XXL (8)	16	3	230	12.100 kg	19.000 $
Ariane 44 XXL (6)	14	3	209	10.800 kg	19.300 $
Ariane 44 XXL2	16	4	251	13.800 kg	18.200 $
Ariane 5	keine	1	178	10.000 kg	17.800 $

Als Vergleich habe ich die Kosten der Ariane 5 zum selben Zeitpunkt (2002, 130 Millionen Euro pro Start, Umrechnungskurs 1,37 Dollar pro Euro) angeführt. Ariane 5 ist natürlich als neu konzipierter Träger günstiger, aber nicht so viel günstiger als man erwarten könnte.

Nicht berücksichtigt wird in diesem Vergleich, dass die Kosten auch sinken könnten, z. B. gemäß dem Gesetz der Serienfertigung durch die zusätzlich gefertigten Triebwerke. (Jedes einzelne wird so günstiger, auch wenn die Gesamtkosten höher sind). Zudem flossen bis 2002 rund 8 Milliarden Euro in die Entwicklung der Ariane 5, während diese Weiterentwicklung wahrscheinlich deutlich preiswerter ist. Zudem gäbe es natürlich die Möglichkeit die Technik zu erneuern, z. B. eine dritte Stufe mit dem Vinci Triebwerk.

Paradoxerweise entschlossen sich Arianespace und ESA, als sich herauskristallisierte, dass durch den Wegfall der Ariane 4 ein Träger für Satelliten in erdnahe Umlaufbahnen und kleine Satelliten in den GTO fehlt, nicht die Ariane 4 erneut aufzulegen, sondern schufen stattdessen ein neues Startzentrum für die Sojus 2, nördlich der bisherigen Startzone der Ariane 1-5. Die Sojus transportiert in zwei Versionen 2,7 und 3,1 t in den GTO, liegt also bei der Nutzlast der kleineren Ariane 4 Versionen. Die ESA zahlt pro Start eines Paars Galileo Satelliten 79,4 Millionen Euro, das ist nicht billiger als die Ariane 4. Allerdings kann Ariane 4 ohne eine Oberstufe nicht die Satelliten im Galileoorbit in 23.000 km Höhe aussetzen. Dafür müsste man die Satelliten mit einem eigenen Antrieb ausrüsten oder eine kleine zusätzliche Oberstufe hinzunehmen. Eine Ariane 42P wäre in der Nutzlast kompatibel mit dem Doppelstart von zwei Galileo-Satelliten.

Interessanterweise gibt es mit den Plänen für die Ariane 6 auch eine Wende bei der Entwicklung, die zu immer größeren Trägern ging. Auch die Ariane 6 wäre durch die Ariane 4 XL zu ersetzen. Anders als bei den bisherigen Planungen für die Ariane 6 gäbe es die Möglichkeit die Nutzlast dem Bedarf anzupassen, denn die kleineren Versionen der Ariane 4 wären auch noch verfügbar. Ariane 6 wird aber wie Ariane 5 in nur einer Konfiguration gebaut, das bedeutet, wenn ihre Nutzlast von maximal 6,5 t nicht ausgenutzt wird, dann muss trotzdem der Start eines 6,5 t Satelliten bezahlt werden. Daher will Arianespace auch die Sojus nach Einführung der Ariane 6 weiter betreiben, weil diese bei Satelliten von 3 t Gewicht viel zu teuer sein wird.

Als Zusammenfassung kann man sagen, dass es mit der Ariane 4 möglich wäre, bis zu 12 t in den GTO zu transportieren. Zusätzlich zu den angeführten Versionen wären auch weitere, z. B. mit 6 Boostern denkbar, die dann die Lücke zwischen 7,5 und 12 t Nutzlast füllen würde. Ariane 4 wäre dann skalierbar von 2 bis 12 t GTO Nutzlast. Für diesen Bereich benötigt die ESA derzeit drei Träger: Ariane 5, Ariane 6 und die Sojus STK.

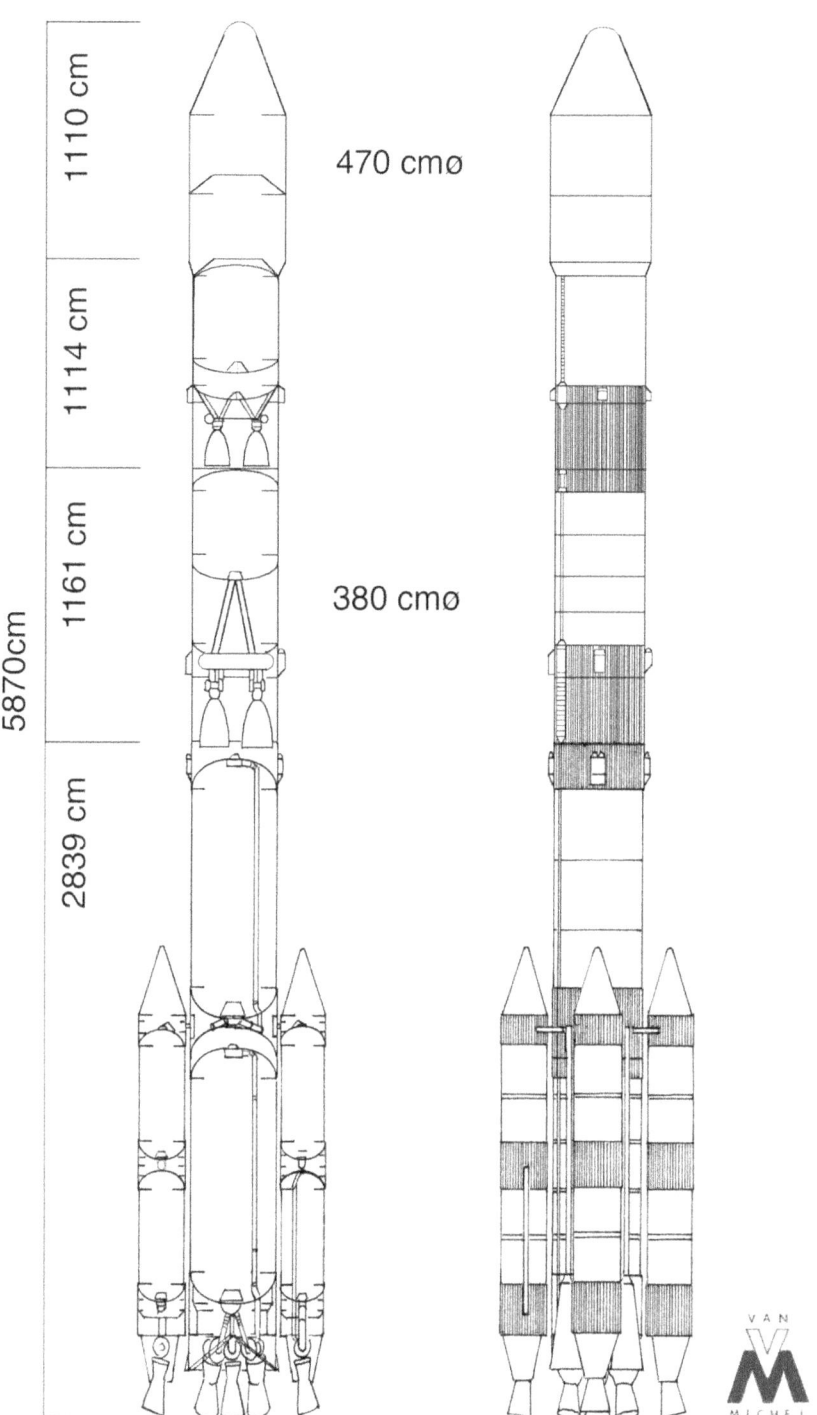

Abbildung 69: Die Ariane 4 XL © der Grafik: Michel Van

Literaturhinweise

P.M. 10/1990 S.84 „Sabotage"

Flight International 24.10.1981: „Improving Ariane 4"

Flight International 12.2.1982: „Ariane 4 goes ahead with French Backing"

Flight International 4.5.1984: „Ariane 4: European Launcher grows"

Flight International 18.10.1986: „Ariane and Shuttle Plans revealed"

Flight International 21.5.1988: „Ariane 4: The big Shot"

Flight International 3.6.1989: „On a winning streak"

Flight International 7.3.1990: „Engine Failure destroys Ariane"

Flight International 18.4.1990: „Ariane resumes business as usual"

Flight International 1.8.1990: „Arianespace is back in Business"

Flight International 4.9.1990: „Arianespace launches new Service"

Flight International 21.8.1991: „Success and Confidence"

Hans-Martin Fischer: „Europas Trägerrakete Ariane"

Andreas Schöwe: „Ariane 4 – der Erfolgsträger"

ESA Achievements BR250 „Ariane 1-4"

Didier Capdevila: „Capcom Espace" (http://www.capcomespace.net)

Steve's Satelliten und Raumfahrtseiten (http://www.sat-steve.de/)

Arianespace: „Ariane 4 Users Manual" Version 2.0

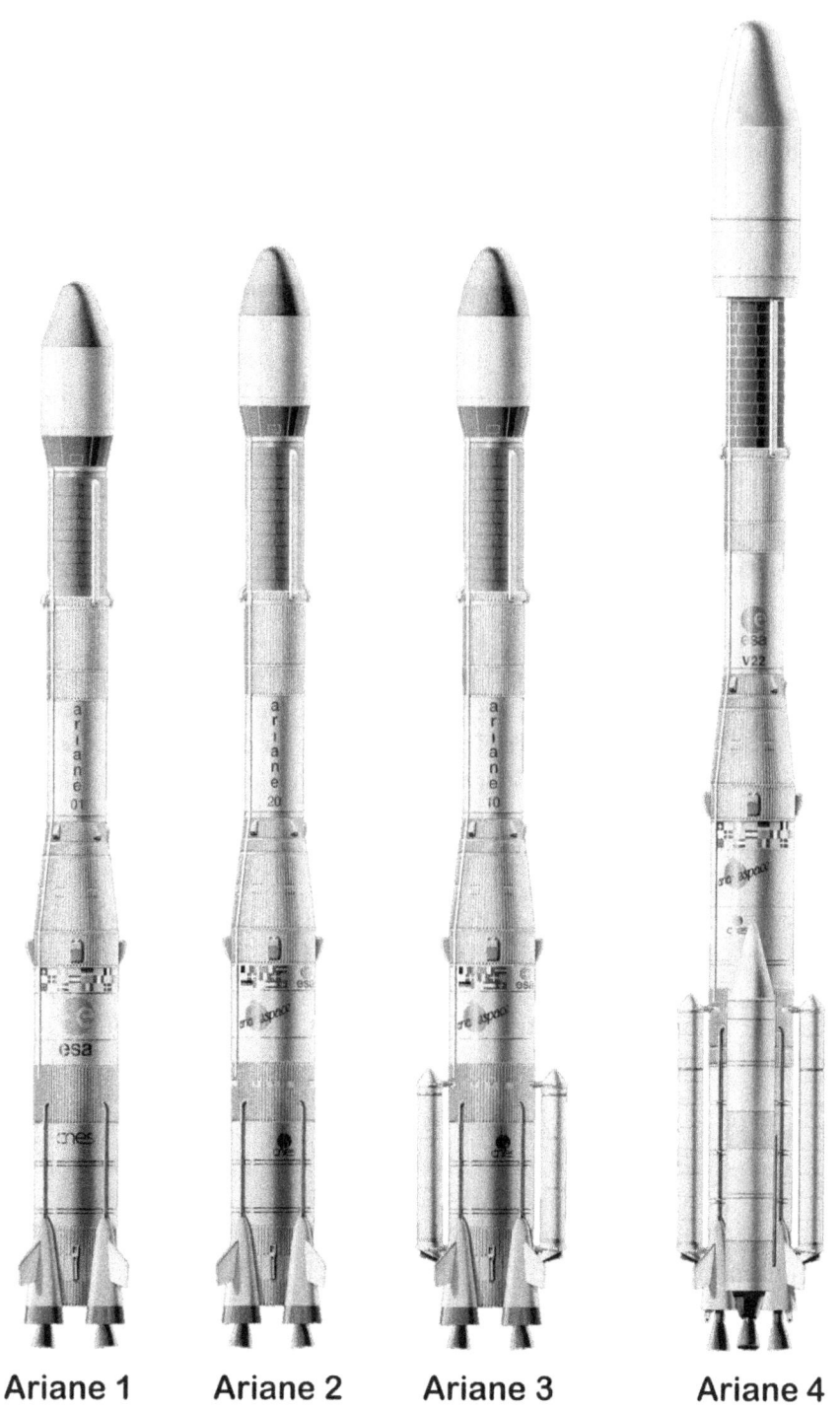

Abbildung 70: Ariane 1-4 © der Grafik: ESA

Das Centre Spatial Guyanais (CSG)

Die Ariane trat in die Fußstapfen der Europa und konnte, da sie vom CSG aus starten sollte, schon von Anfang an für den Transport in den GTO optimiert werden.

Beim Start von Kourou aus braucht ein Satellit beim Wechsel aus der Übergangsbahn (200 × 36.000 km Höhe und 10 Grad Neigung) in die endgültige Bahn (36.000 km Höhe und kreisförmige Bahn mit 0 Grad Bahnneigung) relativ wenig Treibstoff, weil er nur eine Bahnneigung von 10 Grad korrigieren muss. Im Vergleich dazu sind bei den Starts von Cape Canaveral 29 Grad abzubauen. Ein Satellit muss beim Start vom Cape aus eine Geschwindigkeitsveränderung von 1800 m/s aufbringen, um von der GTO in die GSO-Bahn zu gelangen. Dieser Wert beträgt bei Starts mit der Ausgangsbasis Kourou hingegen nur 1500 m/s.

Der Unterschied von 300 m/s entspricht 14% weniger Nutzlast bei einer Atlas-Centaur und 17% weniger bei einer Delta im Vergleich zum hypothetischen Fall, wo sie von Kourou aus gestartet würden.

Diese Ausgangslage erleichterte die Konstruktion des HM-7 Triebwerks. Der geringe Schub des HM-7 hatte den Vorteil, dass die H8 Stufe eine sehr lange Brenndauer von nahezu zehn Minuten besaß. Während dieser Flugzeit erreichte sie den Äquator und setzte den Satelliten auch bereits direkt über dem Äquator aus. So kam Ariane mit nur einer Zündung der Oberstufe aus, während die Delta und Atlas Starts zwei Zündungen erforderten und der Space-Shuttle sogar eine zusätzliche Oberstufe benötigte.

Kourou erlaubte aber auch sonnensynchrone Bahnen, wenn nach Norden über die Karibik gestartet wurde. Bedingt durch die Optimierung der Ariane für GTO Transporte, war die Nutzlast für solche Orbits jedoch nur wenig höher als für den GTO. Kourou war bis zur Einführung der mobilen Sea Launch Startplattform das einzige Startgelände, das Starts sowohl in äquatoriale als auch sonnensynchrone Bahnen erlaubte.

Für Ariane wurde die ELE Startanlage der Europa-II umgebaut und auf ELA-1 (Ensemble de Lancement Ariane) umbenannt. Der Startplatz ELA-1 war auf maximal sechs Starts pro Jahr ausgelegt, durchschnittlich waren vier bis fünf Starts pro Jahr möglich. Schätzungen der ESA gingen beim Entwicklungsbeginn von nur zwei bis drei Flügen pro Jahr aus, sodass die projektierte Startrate von ELA-1 von vier Flügen jährlich ausreichend erschien.

Bei ELA-1 wurde die Rakete direkt an der Startrampe zusammengebaut, sodass diese solange für einen weiteren Start blockiert war. Der Zusammenbau erfolgte sequentiell, beginnend bei der ersten Stufe. Diese Vorgehensweise sparte zwar ein Gebäude für die Integration der Rakete ein, limitierte aber die Startrate. Da ELE schon für den Zusammenbau der Europa am Startplatz konzipiert war, wurde dies auch für die Ariane übernommen. Eine Änderung des Konzeptes hätte den Verzicht auf Einsparungen durch die Wiederverwendung des Startkomplexes bedeutet.

Der Umbau des Startkomplexes ELE zur ELA-1 sparte von 1975 bis 1979 etwa 13% der Investitionskosten in Kourou ein. Die geschätzten Baukosten betrugen 120 Millionen Franc. Da die Ariane 1 höher als die Europa-II war, wurde die Basis um 8 m abgesenkt und der Startturm um 8 m verlängert. Der mobile Montageturm hatte ein Gewicht von rund 800 t. Vier hydraulisch bewegte Klammern hielten die Ariane am Boden, bis sie per Computersteuerung freigegeben wurde. Dabei mussten die Klammern auf 0,1 mm genau einrasten.

150 m von der Startrampe entfernt befanden sich zwei Tanks mit je 115 m³ Volumen für NTO und UDMH. Betankt wurde die Rakete durch Lastwagen, welche den Treibstoff zur Rakete fuhren. Für Wasserstoff gab es zwei Behälter von 100 m³ und 40 m³ Volumen und für Sauerstoff einen Tank von 20 m³ Volumen. Sie waren 100 m von der Startrampe entfernt. Die Förderleitungen zur Rampe verliefen in einem Graben, um der Gefahr einer Explosion zu begegnen.

Insgesamt investierte die ESA 75 Millionen Dollar in die Startbasis Kourou und den Betrieb über die ersten beiden Jahre. Damit wurde auch der Bau des Kontrollzentrums CDL1 bezahlt, welches sich unter einer mehrere Meter dicken Betondecke befand und einige Hundert Meter von der Startrampe war. Etwa 20 Personen waren hier mit dem Ablauf des Countdowns beschäftigt. Die Hauptarbeit leisteten aber zwei Computer, einer für das elektrische System, der andere für die Flüssigkeiten. Nach dem Start übernahm das 10 km von der Startrampe entfernt gelegene Jupiter Missionskontrollzentrum die weitere Kontrolle der Mission.

Von den rund 50.000 Einwohnern von Französisch-Guayana im Jahre 1979 lebten etwas zwei Drittel im Bereich der Hauptstadt Cayenne. Das Startgelände war 65 km von Cayenne entfernt, und die Aufstiegsbahn der startenden Raketen durfte nicht über Cayenne führen. Ein Start war deshalb nur unter einem Azimut von -100,5 Grad bis +3,5 Grad möglich (wobei 90 Grad Norden und 0 Grad Osten entspricht). Ariane musste daher zuerst aufs Meer hinaus starten und konnte erst dann nach Süden schwenken. Die Bahnneigung war deswegen etwas höher als die geographische Breite und lag bei 10 Grad.

Zu Beginn der Ariane Testflüge umfasste das CSG etwa 850 Mitarbeiter. Dabei waren 600 Arbeitskräfte fest im CSG angestellt, 100 Experten reisten für eine Startkampagne aus Europa an, und der Rest wurde von etwa 150 Hilfskräften gebildet.

Vor Ort wurden nur der flüssige Wasserstoff und Sauerstoff sowie Stickstoff als Druckgas produziert. Stickstofftetroxid (NTO) und UDMH wurden hingegen aus Europa importiert. Während NTO kommerziell verfügbar war, war dies bei UDMH in den benötigten Mengen anfänglich nicht der Fall. Es gab aber noch 1000 t vom Europa-II Programm. Für die Tests und Erprobungsflüge wurden weitere 1000 t von der Sowjetunion gekauft. Später entstand bei Toulouse eine Fabrik zur Produktion von UDMH. Die jährlichen Unterhaltskosten des CSG betrugen damals 23 bis 24 Millionen MAU, was heute etwa derselben Summe in Euro entspricht.

Abbildung 71: ELA-1 nach der Umrüstung auf Arianestarts © des Bildes: ESA

Ariane 2 und 3

Abbildung 72: Transfer der Ariane 3 V17 zur Gantry von ELA2 – für die Ariane 3 ist ein verlängerter Starttisch notwendig, da die erste Stufe 5 m kürzer als bei der Ariane 4 ist.

Die längere Brennzeit der dritten Stufe machte eine neue Bodenstation bei Akakro an der Elfenbeinküste notwendig. Dazu wurde die Ausrüstung bei Salinopolis in Brasilien demontiert. Diese Station war nicht mehr notwendig, da es durch eine veränderte Aufstiegsbahn eine Überlappung zwischen Kourou und der Bodenstation Natal in Brasilien gab.

Im Rahmen des Ariane 4 Programms wurde eine neue Startrampe mit der Bezeichnung ELA-2 erstellt. Wenn Raketen der Typen Ariane 2 oder 3 von ELA-2 aus starteten, mussten sie jeweils auf einem erhöhten Starttisch montiert werden, weil die Versorgungs- und Zugangsleitungen von ELA-2 bereits für die längere erste Stufe der Ariane 4 ausgelegt waren. Dies war bei den Flügen V17, V20 und V25 der Fall, wobei es sich beim Start V17 einer Ariane 3 am 28.3.1986 um die Einweihung der neuen Startrampe handelte.

Durch all diese Maßnahmen konnte Arianespace Ende der achtziger Jahre die Startrate schnell ansteigen lassen. Davon profitierte natürlich vor allem die Ariane 4, doch auch die Ariane 2 und 3 starteten 1988 und 1989 häufiger als jemals zuvor.

Nach dem letzten Start (V32) einer Ariane 3 am 11.7.1989 wurde ELA-1 nach insgesamt 25 Starts außer Betrieb genommen. Im Juni 1991 wurde der Startturm abgerissen. Seit 2003 erfolgte der Umbau von ELA-1 für Missionen der neuen Trägerrakete Vega. Ende 2008 wurde dieser abgeschlossen. Ab November 2009 soll die Vega vom neuen Startplatz, welcher dann ELV (**E**nsemble de **L**ancement **V**ega) genannt wird, ihren Jungfernflug absolvieren.

Wie die Ariane 1 wird auch die Vega direkt am Startplatz zusammengebaut und der mobile Montageturm wird vor dem Start dann zurückgefahren. Auch die neue Startrampe ELV ist für eine geringe Startfrequenz von typischerweise vier bis fünf Starts pro Jahr ausgelegt. Dies ist für die Vega, die zumindest in den ersten Jahren etwa zweimal pro Jahr starten wird, wie bei der Europa-II die kostengünstigste Lösung.

Abbildung 73: Blick in den Kontrollsaal vom CDL1

Abbildung 74: Die mobile Montagehalle von ELA 2 links und der Startturm rechts
© *des Bildes: Arianespace*

Ariane 4

Ariane bekam mit der Startrampe ELA-2 eine neue Rampe mit einem flexiblen Konzept. Bei Ariane 4 wurde am Startplatz eine Rakete auf den Start vorbereitet, während in einer 950 m entfernten Montagehalle eine weitere Rakete zusammengebaut werden konnte.

Beim Vorgänger ELA-1 hatte die CNES noch ein anderes, klassisches Konzept verfolgt: Die gesamte Rakete wurde am Startplatz mit einem Montageturm zusammengebaut und dieser dann vor dem Start etwa 100 m zurückgefahren. Dies hatte einige Nachteile:

- Das mobile Montagegebäude war relativ nahe an der Startrampe. Eine Explosion direkt nach dem Abheben hätte zu starken Beschädigungen bei diesem geführt.

- Die Verwendung des schmalen Nabelschnurmastes der Europa-II beschränkte die Möglichkeiten zum Einbau von weiterer Ausrüstung. Das machte die Wartung aufwändig und komplex. Er war weiterhin zu nah an der Rakete, wodurch die Windgeschwindigkeit beim Start auf 9 m/s limitiert war.

Schon bevor die Entwicklung der Ariane 4 beschlossen wurde, war zudem abzusehen, dass ELA-1 nicht ausreichen würde, alle kommerziellen Starts abzuwickeln. Mitte 1981 wurde daher mit der Arbeit an ELA-2 begonnen. Dabei flossen die gemachten Erfahrungen ein.

Die Anforderungen an ELA-2 waren folgende:

- Kompatibilität zur Ariane 1 bis 3, um diese in einer Übergangszeit auch von ELA-2 aus starten zu können.

- Eine Verdopplung der Startrate auf zehn Flüge jährlich.

- Höhere Flexibilität, maximale Zugänglichkeit zur Rakete, Reduktion der Komplexität und der Kosten.

Erreicht wurde dies durch eine räumliche Trennung von Startvorbereitung und Zusammenbau. Dieses Konzept wurde später bei der Ariane 5 noch weiter optimiert. Bei dem Komplex ELA-3, für die Ariane 5, wird an der Startrampe gar nichts mehr integriert.

ELA-2 beinhaltete eine „Launcher Preparation Zone", etwa 1 km vom Startplatz entfernt. Hier wurde die Ariane 4 zusammengebaut, und die Booster mit flüssigen Treibstoffen wurden an die Rakete montiert. Die Vorbereitung einer Ariane 4 in der Vorbereitungszone dauerte 15 Tage. Danach fuhr sie zur Startrampe (ZL-2: Zone des Lancement 2).

Am Startplatz gab es einen mobilen Montageturm, die Gantry. Hier erfolgte nur die Integration der Nutzlastspitze. Die Nutzlast selbst wurde in einem eigenen Gebäude in die Spitze eingeschlossen, und diese wurde hermetisch abgeschlossen. Zuletzt wurden die Feststoffbooster und alle Sprengladungen an die Rakete montiert. Nur die letzten fünf Tage vor dem Start befand sich die Ariane in der Gantry, die dann vor dem Start zurückgefahren wurde.

Verbunden waren die Start- und die Vorbereitungszone durch Schienenstrecken. Ein Kreisverkehr in der Mitte des Weges erlaubte das Rangieren von zwei Raketen. Dies verdoppelte nicht nur die mögliche Anzahl der Starts, es machte Ariane auch unabhängiger von Verzögerungen. So wurde im Jahr 1997, als es Probleme mit der Vorbereitung eines Satelliten gab, dieser mitsamt der Rakete von der Startrampe weggefahren, und der nächste Start wurde einfach vorgezogen.

Abbildung 75: Blick ins Kontrollzentrum CDL2 © des Fotos: Arianespace

Ursprünglich war ELA-2 für acht bis zehn Starts pro Jahr ausgelegt. Doch Arianespace hatte so viele Kunden, dass mehr Starts erfolgen mussten. So konnte die Zeit für eine Startkampagne von 33 auf bis zu 24 Tage (18 reine Arbeitstage) reduziert werden. Normal sind allerdings 27 Tage für eine Ariane mit PAL und 25 Tage für eine Ariane 40 oder Modelle mit PAP.

Teilweise startete Arianespace drei Raketen innerhalb von 30 Tagen. Der absolute Rekord waren 14 Starts in 11 Monaten zwischen 1995 und 1996.

Eine Zeit lang war auch im Gespräch, die ELA-2 mit zwei Startzonen auszustatten. Dies sollte nur etwa 28,5 Millionen Dollar mehr kosten, da sich die Arbeiten nur auf den Startplatz und den einfach gebauten Versorgungsturm beschränkten. Die ESA konnte sich aber für diesen CNES-Plan nicht erwärmen und plädierte dafür, ELA-1 weiter zu betreiben.

In der Vorbereitungszone befanden sich drei Gebäude, die miteinander verbunden waren. Sie trennten die Montage in einzelne Schritte auf und erlaubten so einen schnellen Durchlauf bzw. ein paralleles Arbeiten.

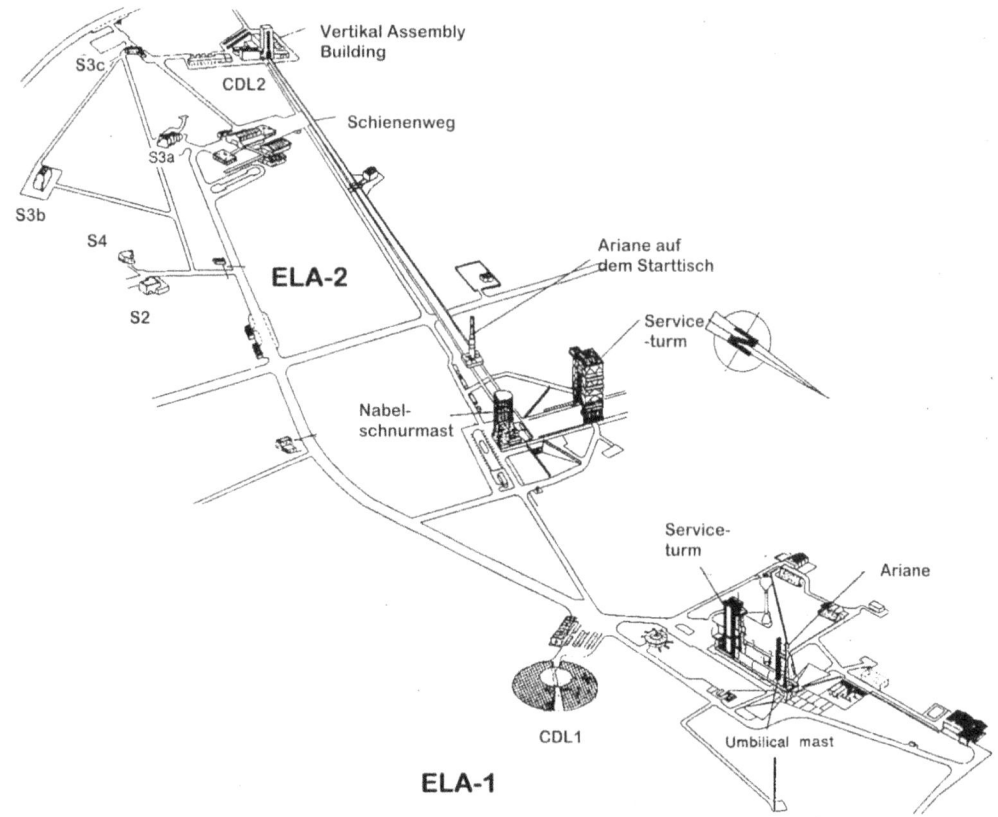

Abbildung 76: Lageplan ELA 1 und 2

- Beim Ersten handelte es sich um das Lagergebäude für die Zwischenlagerung der angelieferten Stufen. Es war 90 m lang und je 25 m breit und hoch. Zwei 8 t Kräne öffneten die Transportcontainer über ihre volle Länge. An seiner Nordseite war das Lagergebäude über eine 9 m hohe und 7 m breite Tür mit dem „Erection Building" verbunden.

- In dem „Erection Building" wurden die Stufen aufgerichtet und vertikal zueinander ausgerichtet. Ein 30-t-Kran nahm die Stufen aus den Transportbehältern und hob sie an die für die Montage gewünschte Position in dem 16 m breiten, 27 m langen und 39 m hohen Gebäude. An der Nordseite führte der 30 t Kran die Stufen dann zum „Assembly Building".

- Im „Assembly Building" erfolgte dann die eigentliche Montage. Erst hier wurden auch die PAL-Booster auf dem mobilen Starttisch montiert. Ein 20-t-Kran nahm die Last vom Erection Building und hob sie auf die Montagehöhe in dem 67,5 m hohen, 19,4 m breiten und 25,1 m langen Gebäude. Verschiedene mobile Montageebenen gewährten den Technikern Zugang zu den Verbindungen.

- Die fertig montierte Rakete wurde dann mitsamt dem Startisch aus dem Gebäude heraus zur ZL-2 gefahren.

Nach dem Zusammenbau zog ein Schlepper den Starttisch zur Startzone ZL-2. Es gab zwei Starttische, die wie auch der Schlepper von der Firma MAN hergestellt wurden. Diese wurden auf Schienen mit einer Spurweite von 9 m bewegt. Über die Starttische wurde die Rakete auch mit Strom versorgt.

Jeder Tisch war 15 m breit und 16 m tief. Der Tisch für die Ariane 3 hatte eine Höhe von 12 m und wog 427 t. Derjenige für die Ariane 4 war nur 5 m hoch und hatte ein Gewicht von 342 t. Durch die unterschiedliche Höhe war es möglich, auch eine Ariane 2 oder 3 von ELA-2 zu starten, obwohl die erste Stufe nur 18,4 statt 23,8 m lang war.

Die folgende Skizze zeigt die wesentlichen Elemente von ELA-2:

1. Gebäudeteil für die Lagerung der Stufen

2. Gebäudeteil für das Aufrichten der Stufen (Erection Building)

3. Montagehalle (Assembly Building)

4. Schienenstrecke zur Launch Zone

5. Fahrbarer Starttisch

6. Zugmaschine

7. Auf Schienen beweglicher Kran und Montagebühne („Gantry") an der   Startrampe.

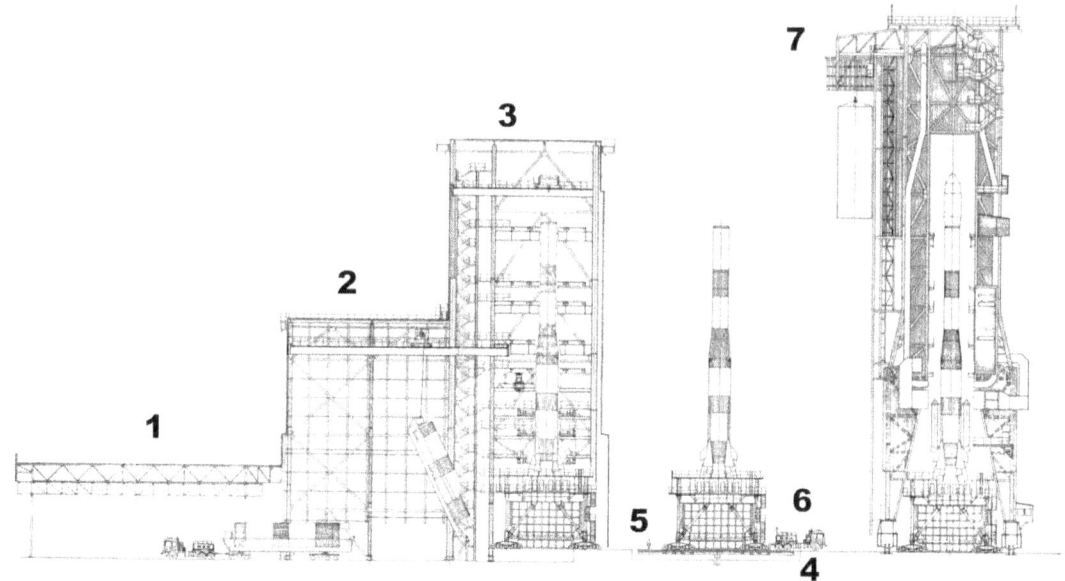

Abbildung 77: Bestandteile von ELA 2 (zusammengefasst) © der Grafik: MT Aerospace

Der Schlepper hatte eine durch Hydraulik stufenlos regulierbare Leistung von 320 PS. Damit konnte die Zuggeschwindigkeit sehr fein dosiert werden. Zusammen mit einer Rakete (ohne den Treibstoff, da sie erst an der Startrampe betankt wurde) wog ein kompletter Starttisch bis zu 550 t.

Auf halber Wegstrecke befand sich ein Kreisverkehr mit 26 m Durchmesser als Rangierstelle. Er ermöglichte es, auf dem nur einmal vorhandenen Schienenweg gleichzeitig zwei Raketen in unterschiedliche Richtungen zu bewegen.

Der Startplatz ZL-2 bestand aus einer 40 m hohen Basis aus 12.000 t Beton. An dieser wurde der Starttisch fixiert. Im Graben darunter führte an der Westseite ein Flammenablenkschacht aus Stahl vom Starttisch weg.

Dazu gab es noch eine mobile Werkshalle, das damals größte, bewegliche Gebäude der Welt. Es wog 3.600 t und hatte eine Höhe von 86 m bei einer Basisfläche von 21 x 21 m. Zugangsplattformen in verschiedenen Höhen erlaubten den Zugang zu allen Stufen.

Die Gantry war im Bereich oberhalb von 39,4 m Höhe voll klimatisiert. Sie rollte vor dem Start 93 m von der Rakete zurück. Dazu verfügte sie über vier Rollen auf zwei Schienensträngen. Jede war mit maximal 1.200 t Gewicht belastbar. Die Gantry konnte bis zu einer Windgeschwindigkeit von 18 m/s (65 km/h) bewegt werden. Bei stärkeren Winden wurde sie in eine der beiden Endpositionen abgesenkt und fixiert.

Der obere Bereich für die Nutzlastintegration genügte Reinraumbedingungen der US FED STD 209E Klasse 100.000 (maximal 100.000 Teilchen von 0.5 μm Größe je Kubikfuß).

Die Plattformen waren um 18 m in der Höhe verschiebbar, um sich den Nutzlasten anzupassen. Ein 12,6-t-Kran bewegte dabei die Nutzlastspitze. Ein weiterer 32 t Kran hob die Spitze von der Südseite mitsamt dem Transportcontainer hoch. Sie gelangte dann durch eine 7 x 14 m große Tür in den Nutzlastbereich. Neben der Nutzlast wurden bei der Gantry auch die Feststoffbooster an der Rakete angebracht sowie alle pyrotechnischen Sprengsätze (z.B. Sprengbolzen und das Selbstzerstörungssystem).

Am Starttisch befand sich nur ein 74 m hoher, schmaler Versorgungsmast für die Daten- und Versorgungsleitungen. Gleichzeitig erfolgte über diesen Mast die Versorgung der dritten Stufe mit Wasserstoff und Sauerstoff. Der Versorgungsmast war erheblich leichter zugänglich als sein Gegenstück von ELA-1. Seine bessere Positionierung erhöhte die maximal zulässige Windgeschwindigkeit für einen Start auf 14 m/s.

Wie bei ELA-1 befand sich auch bei ELA-2 ein Bunker für das Personal des Countdowns an der Startrampe (Kontrollzentrum CDL2). Geschützt durch 2 m Beton und 4 m Erde arbeiten

160 Personen an der Startvorbereitung. Nach dem Abheben übernahm das Jupiter-Kontrollzentrum (ab 1995 Jupiter-2) die Mission.

Die neue Startrampe ELA-2 machte mit 102 MAU (etwa 146 Millionen Dollar) alleine einen Viertel der Ariane 4 Entwicklungskosten aus. Hauptauftragnehmer für die Stahlteile und beweglichen, mechanischen Strukturen war die Firma MAN aus Deutschland.

Fertiggestellt wurde ELA-2 im Januar 1986. Der Startplatz ELA-1 sollte nach dem Erststart der Ariane 4 am 15.6.1988 außer Dienst gestellt werden. Doch die zahlreichen Aufträge, die Arianespace nach der Challenger-Katastrophe erhielt, machten es notwendig, die Startrate möglichst schnell zu erhöhen. Deshalb starteten noch ein Jahr lang auch Raketen der Typen Ariane 2 und 3 von ELA-1 aus. Seit 2003 ist ELA-2 eingemottet, um die laufenden Betriebskosten des CSG zu reduzieren.

Die Fabrik zur Erzeugung von flüssigen Gasen der Firma Air Liquide wurde für ELA-2 erweitert und produzierte nun größere Mengen an flüssigem Sauerstoff und Stickstoff. Mit der Entwicklung der Ariane 5 wurde 1991 eine zweite Fabrik errichtet. Jetzt konnte vor Ort auch flüssiger Wasserstoff produziert werden, der bisher per Schiff aus Europa gekommen war.

Das Netz der Bodenstationen musste an die verlängerten Brennzeiten angepasst werden. Akakro an der Elfenbeinküste wurde geschlossen, und in Libreville in Gabun, näher am Äquator und weiter östlich gelegen, wurde stattdessen eine neue Bodenstation errichtet. Von dieser Station aus konnten auch der Brennschluss und das Aussetzen der Satelliten beobachtet werden.

Bei Ariane 4 bestand damit das Bodennetzwerk aus den Stationen Galliot, Natal, Ascension Island und Libreville. Die ESA übernahm die NASA Station auf Ascension Island, als diese nach Einführung der TDRS-Satelliten überflüssig wurde. Zu diesen Stationen, die bei Starts in den geostationären Orbit notwendig waren, kamen bei Starts in den polaren Orbit noch NASA Stationen auf Wallops Island und an der Ostseite des Kontinents sowie auf der kanadischen Saint-Hubert Insel dazu.

Die Satelliten wurden in eigenen Gebäuden vorbereitet. Sie kamen in der Regel in Spezialcontainern per Flugzeug nach Kourou. Bis 2001 gab es zwei Komplexe nahe ELA-1. In einem dieser Komplexe mit den Gebäuden S1A und S1B wurde der Satellit nach dem Transport geprüft. Dies beinhaltete die Überprüfung der elektrischen Systeme sowie der Test der Mechanik (z.B. die Öffnung der Solarzellenausleger) und der pneumatischen Systeme. S1A wurde zuerst gebaut und für die Ariane 4 dann um S1B erweitert. Beide Gebäude waren 50 m lang und 25 m breit und hoch.

Danach wurde der getestete Satellit zum zweiten Komplex mit den Gebäuden S2 bis S4 gebracht. Dort wurden die Startvorbereitungen durchgeführt, der Satellit mit dem Treibstoff betankt und in die Nutzlastspitze eingeschlossen.

Diese Gebäude reichten auch noch für die ersten Ariane 5 Nutzlasten, doch mit steigender Satellitengröße waren sie nicht mehr ausreichend. So wurde der Komplex durch das neue S5 Gebäude für größere Satelliten erweitert. Es bestand aus drei großen Räumen mit Reinraumbedingungen. Diese waren durch Korridore miteinander verbunden. Die alten Zentren S2 bis S4 bleiben weiterhin aktiv.

Insgesamt konnte Arianespace in diesen drei Komplexen ab 2001 vier Satelliten zur gleichen Zeit auf einen Start vorbereiten. Zwei dieser Systeme wurden im S5 Gebäude startklar gemacht und zwei Satelliten im älteren Komplex S2 bis S4. Nach einer Übergangsfrist übernahm S5 die Funktion der älteren Gebäude. Die Gebäude S1B und S3B können aber bei Bedarf reaktiviert werden und dürften bei Starts für Nutzlasten der Sojus und Vega wieder genutzt werden, da sie für kleine bis mittelgroße Satelliten vollkommen ausreichend sind.

Abbildung 78: ELA 1 nach dem Abriss des Service Towers 1991, im Hintergrund: ELA 2 © des Bildes: ESA

Kontrollzentren

Von 1968 an erfolgte die Missionskontrolle von Jupiter 1 aus für alle Trägerraketen (Diamant, Europa, Ariane 1-4). Mit der Einführung der Ariane 5 wurde es durch eine modernere Anlage ersetzt, die auch die Möglichkeiten der Berichterstattung vom CSG aus deutlich erweiterte. Mit dem Start V82 im Jahr 1996 wurde das Jupiter-2 Kontrollzentrum eingeweiht. Während jede Startrampe ihr eigenes CDL (Kontrollzentrum) zur Vorbereitung der Rakete auf den Start hatte, managte Jupiter 2 die Missionen aller Startrampen (damals ELA-2 und ELA-3, ab 2009 ELV, ELA-3 und ELS).

Die Computer Ausrüstung besteht aus zwei redundanten Sun Servern und 32 Sun Sparc 5 Workstations für die Operateure. Vier weitere PCs steuerten die Anzeigetafeln. Die benötigte Software entstand in C++, Siemens SCL und Visual Basic.

Das neue Kontrollzentrum besteht aus drei Stockwerken. Im ersten Stockwerk befinden sich im Vorderteil die Kontrollstationen der Operateure. Auf einer 3,2 × 4,2 m großen Videoleinwand kann der Status des Countdowns und der Flugverlauf nach dem Abheben verfolgt werden. Dieser Teil ist während des Starts bei den Videoübertragungen von Arianespace zu sehen.

Getrennt durch eine Plexiglaswand können bis zu 232 Gäste den Start verfolgen. Es gibt Headsets, mit denen die Gäste den Kommentar in verschiedenen Sprachen hören können. Meist wandern die Besucher aber in den letzten Sekunden vor dem Start zum Balkon, um das Abheben der Rakete von dort aus live zu verfolgen. Sobald die Rakete abhebt, ist die Arbeit von CDL2 bzw. CDL3 beendet, und die gesamte Kontrolle ging an das Jupiter-2 Kontrollzentrum über.

Im zweiten Stockwerk existieren 31 Kabinen mit Computern für angereiste Journalisten und im Dritten die Ausrüstung für die Videoübertragung und die Arbeitsräume der Berichterstatter und Dolmetscher.

Dazu kommen im CSG noch etwa zehn weitere Gebäude für die Technik, Telekommunikation, Feuerwehr und das Sicherheitspersonal. Den größten Raum nimmt seit 1994 die Fabrik zur Produktion des Treibstoffs für die Feststoffbooster ein.

Details über die Startrampe der Ariane 5, die mit ihr verbunden Installationen und die Umrüstung von ELA 1 zu ELV, dem Startkomplex der Vega folgen im zweiten Band über die europäischen Trägerraketen.

Für das CSG wird sich in Zukunft einiges ändern: Bisher finanzierte die ESA die Einrichtungen und übertrug dann der CNES den laufenden Betrieb, der aber von der ESA finanziert wurde. Mit dem steigenden Interesse der Europäischen Union am Weltraum, auch erkennbar an dem Galileo-Projekt, soll nun die Europäische Kommission mehr Kontrolle über das CSG übernehmen, wie der französische Ministerpräsident Sarkozy bei einem Besuch des CSG in Februar 2008 ankündigte.

Gleichzeitig entsteht 12 km von den Startrampen der Ariane und Vega entfernt ein neuer Startkomplex für die Sojus 2, die von Kourou starten wird. Die geografisch günstige Lage ermöglicht es die GTO Nutzlast um 80 % zu steigern. Sie soll Satelliten bis 3 t Gewicht in den Orbit befördern, eine Klasse, die nach Arianespace Angaben für Ariane 5 schon zu klein ist und daher keine Konkurrenz zur Ariane 5 darstellen.

Abbildung 79: Blick in den Kontrollraum des Jupiter-2 Gebäudes © des Bildes ESA

Literaturhinweise

Die Zeit 13/1970 „Europa im Dschungel"

Centre Spatial Guyanais (http://www.cnes-csg.fr)

MAN Technologie: „ELA 2 Launching Facility"

Flight International 17.2.1979: „Europe's equatorial Launch Site"

Flight International 9.4.1997: „Dual Operation"

J. De Daldau: ESA Bulletin 69: „Ariane 5 Launch facilities"

Didier Capdevila: „Capcom Espace" (http://www.capcomespace.net)

Interview mit Yves Le Gall im ESA Bulletin 138 „ESA's Launcher Family"

Abbildung 80: ELV (im Vordergrund mit dem kugelförmigen Wasserturm) und die Gantry von ELA2. Im Hintergrund das Assembly Building von ELA2. © des Fotos: ESA

Abbildung 81: Jungfernflug der Ariane 4 bei V22 - aufgenommen von einem Flugzeug.

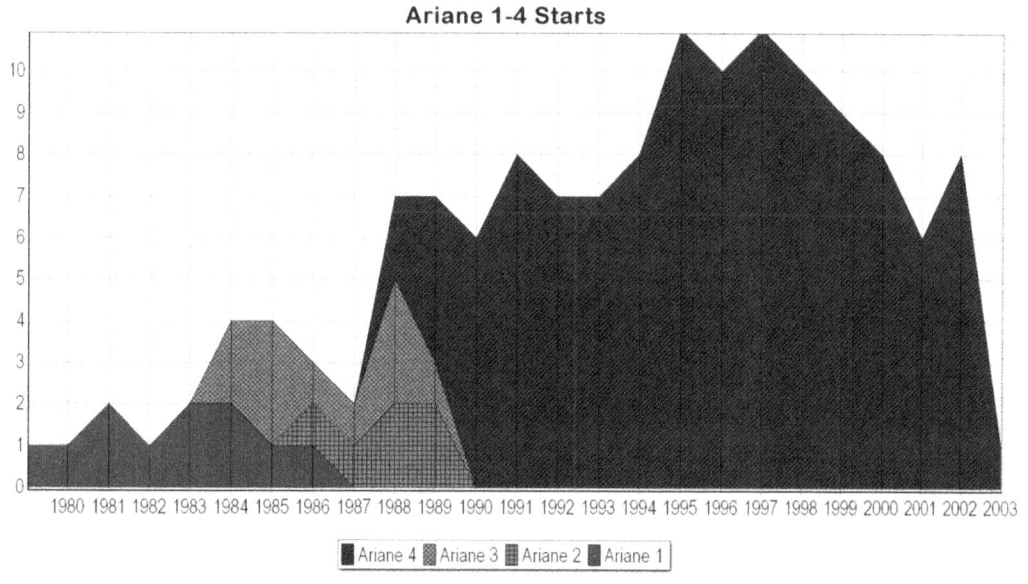
Abbildung 82: Zusammenfassung aller Starts von der Ariane 1 bis zur Ariane 4

Abkürzungsverzeichnis

Apogäum: erdfernster Punkt einer Umlaufbahn.

ASAP: Ariane Structure for Auxiliary Payloads: Struktur zu Mitführung kleinerer Sekundärnutzlasten zusätzlich zur Hauptnutzlast bei der Ariane 4.

CDL2: Centre de Lancement No. 2: Gebäude, in dem die Startvorbereitung der Ariane 4 durchgeführt wurde.

CFK: Carbon Fiber Komposit: Technologie, die aus Matten von Kohlefasern in einer Matrix aus Kunststoff einen Verbundwerkstoff herstellt, der sehr leicht, aber trotzdem sehr belastbar ist. Zahlreiche strukturelle Teile die nicht tiefen Temperaturen ausgesetzt sind werden heute auch bei Trägerraketen aus CFK Werkstoffen hergestellt und dadurch leichter als analoge Bauteile aus Aluminium. CFK Werkstoffe haben die glasfaserverstärkten Kunststoffe (GFK) als Vorgängertechnologie vollständig ersetzt.

CNES: Centre National d'Études Spatiales: Die französische Weltraumagentur.

CPU: Central Processing Unit: Abkürzung für den Hauptprozessor eines Computers. Ältere Rechner haben oft auch zusätzliche Prozessoren für andere Aufgaben an Bord wie die FPU (Floating Processing Unit) für schnelle Gleitpunktberechnungen. Sie sind bei heutigen Prozessoren integriert.

CSG: Centre Spatial Guyanais: Der europäische Weltraumbahnhof in Französisch-Guyana, nahe am Äquator. Von hier aus werden Ariane und Vega gestartet.

CZ: Abkürzung für Chángzhēng, chinesisch für „Langer Marsch". Kürzel für alle zivilen chinesischen Trägerraketen. Derzeit im Einsatz befinden sich die Serien CZ-2 bis 4.

DFVLR: Deutsche Forschungs- und Versuchsanstalt für Luft- und Raumfahrt: Deutsche Raumfahrtagentur bis 1989.

DLR: Deutsches Zentrum für Luft & Raumfahrt: Die deutsche Raumfahrtagentur. Vorgängerversion war das DFVLR. zwei Drittel der Mittel für die Raumfahrt gehen aber weiter an die ESA.

EADS: European Aeronautic Defence and Space Company: Europäischer Luft & Raumfahrtkonzern.

EADS Astrium: Eine 100% Tochter von EADS. Hier sind die Geschäftsfelder eingegliedert, die mit militärischer und ziviler Raumfahrt zu tun haben. Heute gehören mit wenigen Ausnahmen die meisten europäischen Raumfahrtfirmen zu EADS Astrium. Meist wird nur die Abkürzung Astrium verwendet.

EADS Astrium LV: Der Geschäftsbereich von Astrium, der für die Entwicklung und Produktion von Trägerraketen (LV = Launch Vehicles) verantwortlich ist.

ELA: Ensemble de Lancement Ariane: Bezeichnung für die Bodenanlagen der Ariane. Dies umfasst die Startrampe wie auch die Gebäude für die Montage und Nutzlastintegration.

ELDO: European Launcher Development Organisation: Die ELDO entwickelte von 1961 bis 1972 die Europa I, II und III.

ELE: Ensemble de Lancement Europa: Bezeichnung für die Bodenanlagen der Europa II. Aus ihr entstand ELA 1.

ELV: Ensemble de Lancement Vega: Bezeichnung für die Bodenanlagen der Vega. Diese wird direkt am Startplatz montiert. Sie steht am früheren Startplatz der Ariane 1-3, ELA 1.

ERNO: Entwicklungsring Nord: Zusammenschluss von Flugzeugherstellern in Norddeutschland, um gemeinsam als eigenständige Firma mit mehr Kompetenz bei Aufträgen aus dem Bereich Raumfahrt in Erscheinung treten zu können. 1982 fusionierte ERNO mit MBB zu MBB/ERNO.

ESA: European Space Agency: Die europäische Raumfahrtagentur.

GEO: Geosynchronos Earth Orbit: Eine kreisförmige Bahn in 35.887 km Höhe über dem Äquator. Hier beträgt die Umlaufzeit 24 Stunden. Da sich die Erde ebenfalls in 24 Stunden um ihre Achse dreht, nimmt ein Satellit von der Erde aus eine konstante Position ein. Eine Antenne muss nicht der Bewegung des Satelliten nachgeführt werden. Daher befinden sich in diesem Orbit die meisten Kommunikationssatelliten.

GTO: Geosynchronos Transferorbit: Eine Bahn mit einem erdnächsten Punkt von typischerweise 185-600 km höhen und einem erdfernsten Punkt von 35887 km. Im erdfernsten Punkt muss ein Satellit durch einen eigenen Antrieb nochmals Geschwindigkeit aufnehmen, um zu einem geostationären Satelliten zu werden.

HM7: Hydrogen Moteur 7 t Schub: Abkürzung für Triebwerke der halbstaatlichen Gesellschaft SEP, die mit der Kombination LH2/LOX betrieben werden.

Hydrazin: Giftige Stickstoffverbindung und Basis für die methylierten Hydrazine MMH und UDMH. Hydrazin kann durch Katalysatoren und Hitze gespalten werden. Es zerfällt unter Energieabgabe in Stickstoff und Wasserstoff und kann so als niederenergetischer Treibstoff genutzt werden. Ariane 5 und das AVUM nutzen Hydrazin als Treibstoff für die Rollachsensteuerung und für die Dreiachsenregelung der letzten Stufe. Hydrazin hat eine Dichte von 1,01 g/cm³.

HTPB (Hydroxyterminiertes Polybutadien): der Binder, mit dem bei modernen Feststofftriebwerken Verbrennungsträger und Oxidator gebunden werden.

ILS: International Launch Services: Ursprünglich Joint Venture von Lockheed-Martin und GPNZ Chrunitschew. ILS bot seit Ende der neunziger Jahre die Atlas und Proton kommerziell an. Ende 2007 verkaufte Lockheed Martin seine Anteile an ILS. Seitdem bietet ILS nur noch Starts mit der Proton-M an.

Kavitation ist die Bildung und Auflösung von Hohlräumen in Flüssigkeiten durch Druckschwankungen. Sie ist eine Ursache für den POGO-Effekt und kann in den Treibstoffleitungen auftreten.

LEO: Low Earth Orbit: Erdnaher Orbit, in dem die Nutzlast einer Trägerrakete maximal wird. Ein typischer LEO hat eine Bahnhöhe von 180 bis 250 km und die Bahnneigung entspricht dem geographischen Breitengrad des Startorts.

LH2: flüssiger Wasserstoff mit einer Temperatur von -253 °C. Seine Dichte beträgt 0,069 g/cm³. Wasserstoff liefert bei der Verbrennung mit Sauerstoff oder Fluor sehr viel Energie und damit die höchsten bekannten spezifischen Impulse.

LOX: flüssiger Sauerstoff mit einer Temperatur von -183 °C. Seine Dichte beträgt 1,141 g/cm². Flüssiger Sauerstoff ist ein sehr verbreiteter Oxidator in der Raketentechnik. LOX wird mit flüssigem Wasserstoff oder Kerosin verbrannt.

MAU: Million Accounting Units: Interne Recheneinheit der ESA für eine Währung basierend auf dem nach Anteil der Nationen gewichteten Wechselkurs. Mit geringen Schwankungen entspricht ihr Wert in etwa dem Euro.

MBB: Messerschmidt-Bölkow-Blohm: Luft & Raumfahrtfirma, vor der Fusion mit ERNO verantwortlich für die Triebwerke der Astris und deren elektrisches System. Später erhielt MBB den Auftrag, die Brennkammer der dritten Stufe der Ariane zu entwickeln. Auf Patenten von MBB basiert das Antriebskonzept der Space Shuttle Haupttriebwerke.

NASA: National Aeronautics and Space Agency: Die Raumfahrtbehörde der USA.

NTO: Amerikanische Abkürzung für Stickstofftetroxid: NTO ist ein lagerfähiger Oxidator, der zusammen mit Hydrazinen selbst entzündliche Gemische bildet. Beide Eigenschaften sind ideal für Antriebssysteme, die über Monate und Jahre hinweg betrieben werden müssen. NTO hat eine Dichte von 1,45 g/cm³ und ist zwischen -11 und 21 °C flüssig. Die EPS Stufe und das AVUM nutzen NTO als Oxidator.

OBC: OnBoard Computer: Die Abkürzung für den Rechner der Ariane 5 und Vega.

PAL: Propulseur d'appoint à liquide: Bezeichnung für die vier Booster der Ariane 4 die flüssige Treibstoffe einsetzen. PAL werden in den Ariane 42L, 44LP und 44L eingesetzt.

PAL: Propulseur d'appoint à pourde: Bezeichnung für die vier Booster der Ariane 4 die feste Treibstoffe einsetzen. PAP werden in den Ariane 42P, 44LP und 44P eingesetzt.

PAM: Payload Assistant Module. 1982 eingeführte Oberstufe auf Basis des Star 48 Antriebs. Ursprünglich gedacht 1100 kg (Delta 3900 Nutzlast) bei Space shuttle Transporten von einem LEO in den GTO zu transportieren, wurde die PAM später vor allem als Oberstufe der Delta eingesetzt.

Perigäum: erdnächster Punkt einer Umlaufbahn.

POGO: Abkürzung von „Pogo stick": Einem Springstock. Gefürchtete Schwingungen in Achse des Schubs, die zum Abreißen des Treibstoffflusses und zum Ausfall von Triebwerken führen können. Ursache ist kurzzeitiger Überdruck in der Brennkammer (z.B. Verbrennungsinstabilität), welcher den Druck in den Treibstoffleitungen ansteigen lässt und damit die Treibstoffförderung vermindert. In der Folge sinkt der Brennkammerdruck. Wenn dieser Zyklus die Resonanzfrequenz der Rakete trifft, findet positive Rückkopplung und damit eine Verstärkung des Effekts statt.

RAE: Royal Aircraft Establishment: britische halbstaatliche Organisation, welche die Black Arrow Trägerrakete entwickelte.

SEP: Société Européenne de Propulsion. Staatliche Entwicklungsfirma, welche die meisten Triebwerke, die bei Ariane 1-5 eingesetzt wurden, entwickelte.

SEREB: Société pour l'étude et la réalisation d'engins balistiques. Französische Organisation, die verantwortlich für die Entwicklung der ballistischen Atomraketen Frankreichs war. Die SEREB entwickelte die Diamant A und gab dann das Projekt an die CNES.

Snecma: Société Nationale d'Études et de Constructions de Moteurs d'Aviation. Bezeichnung des Herstellers der meisten Triebwerke im Arianeprogramm. Snecma übernahm

1990 die Anteile der SEP, welche die Triebwerke HM-7 und Vulcain entwickelte. Heute ist Snecma Bestandteil der Safran Gruppe.

Spelda: Structure Porteuse Externe pour Lancement Double Ariane: Doppelstartstruktur für die Ariane 4, welche unterhalb der Nutzlastverkleidung auf der VEB angebracht ist und so die Nutzlastverkleidung verlängert.

Spezifischer Impuls: ein Maß für den nutzbaren Energiegehalt eines Treibstoffs und die Effizienz eines Antriebs. Im SI-System wird dazu die Ausströmungsgeschwindigkeit der Gase genommen, wenn sie die Düse verlassen. In den USA wird der Wert durch die Erdbeschleunigung geteilt, und es wird eine Zeit als Dimension erhalten.

SSO: Sun-synchronous Orbit: Eine Umlaufbahn mit einer Bahnneigung über 90 Grad in einer Höhe von 600 bis 1.200 km. Ein Satellit auf dieser Umlaufbahn bewegt sich pro Umlauf um den gleichen Betrag rückwärts im Raum wie sich die Erde durch die Rotation um die Sonne vorwärts bewegt. Als Folge passiert er einen Punkt auf der Erde immer zur gleichen Ortszeit, und das fotografierte Gebiet wird unter konstanten Lichtbedingungen und identischem Schattenstand fotografiert. Daher werden vor allem Erderkundungssatelliten in einen SSO-Orbit gestartet.

Sylda: Systeme de Lancement Double Ariane: Doppelstartstruktur der Ariane 5, die anders als die Spelda von der Nutzlasthülle umgeben wird, einen kleineren Durchmesser, als die Spelda aufweist und 300 kg leichter ist.

TVC: Thrust Vector Control System: Bezeichnung für ein System, mit dem die Schubrichtung eines Triebwerks verändert werden kann.

UDMH: Unsymmetrisches Dimethylhydrazin: Ein Hydrazinderivat, welches wie MMH zusammen mit NTO als Treibstoffkombination eingesetzt wird. Das AVUM setzt UDMH ein. Die Dichte von UDMH beträgt 0,78 g/cm³.

VEB: Vehicle Equipment Bay: Die VEB ist zum einen struktureller Bestandteil der Ariane 5 – sie überträgt die Kräfte der Nutzlast und Nutzlasthülle auf die EPC. Zum anderen befindet sich hier die gesamte Elektronik, Telemetrie und Bordstromversorgung der Ariane 5.

VEGA: Vettore Europeo di Generazione Avanzata: Von der ASI entwickelte Trägerrakete.

ZL: Zone de lancement: Bezeichnung für die eigentliche Startrampe im CSG. Es gibt derzeit drei aktive Startrampen für die Sojus, Ariane 5 und Vega.

www.ingramcontent.com/pod-product-compliance
Lightning Source LLC
Chambersburg PA
CBHW082329220526
45470CB00008B/2450